Das Buch

„Konsumdiät“ ist die Dokumentation meines nahezu unendlich langen Selbstversuchs. Für eine Kauflustige wie mich war es eine enorme Herausforderung, ein ganzes Jahr auf den Erwerb unnötiger Dinge zu verzichten. Trotzdem wollte ich das Projekt zu Ende bringen; schließlich waren mit der Zeit eine Menge Leute eingeweiht, von denen ich ständig beobachtet – um nicht zu sagen überwacht – wurde. Ein Abbruch kam schon allein deshalb nicht in Frage. Eher die immer wieder neue Definition des Wortes *unnötig*.

Ob und wie ich es geschafft habe, ein ganzes Jahr lang auf den Erwerb unnötiger Dinge zu verzichten, wollen Sie bitte selbst in diesem Buch lesen.

Ich muss in der Zeit noch schnell etwas einkaufen.

Die Autorin

Nach ihren Erfolgen mit dem ratgebenden Roman „Belästigt mich, bitte!“, der Anthologie „Leben in Leverkusen“ und ihren Kindergeschichten hat Britta Heinrichs sich ein Jahr lang auf Konsumdiät gesetzt. Humorvoll beschreibt sie einen Selbstversuch, der es in sich hat.

Die vielseitige Autorin lebt mit ihrer Familie in Leverkusen.

Britta Heinrichs

Konsumdiät

Vom Selbstversuch, ein Jahr lang nichts Unnötiges zu kaufen

Alle Ratschläge und Hinweise in diesem Buch wurden von der Autorin sorgfältig erwogen. Eine Garantie kann dennoch nicht übernommen werden. Eine Haftung der Autorin für Personen-, Sach- und Vermögensschäden ist daher ausgeschlossen.

Impressum

Herstellung und Verlag: Books on Demand GmbH, Norderstedt
Covergestaltung: Eva Josat
Lektorat: Renate Krohn
Foto: Johann Heinrichs

www.konsumdiaet.de

ISBN 978-3-8423-7952-7

„Hände weg vom Junk.
Du hast genug Klamotten im Schrank.
Dein Leben ist noch lang.
Hör auf, zu konsumieren!“

(Annette Humpe für Ich+Ich)

Ich widme dieses Buch meiner Mutter

„Mama, für dich!“

und bedanke mich bei allen, die mir geholfen haben

„Danke, ihr wart klasse!“

Inhalt

„Wie sieht es denn hier aus?"

„Als wäre eine Bombe eingeschlagen."

Wie alles begann

Die Entscheidung, ein derartiges Projekt zu starten und über meine Erfahrungen dieses Buch zu schreiben, kam ziemlich plötzlich:

Es fing damit an, dass ich eines Morgens vor dem überfüllten Kleiderschrank stand und partout nichts zum Anziehen finden konnte. Das kommt bei mir zwar regelmäßig vor, aber diesmal passte wirklich keine der möglichen Kombinationen zu meiner Tageslaune. Es fiel mir unendlich schwer, mich für ein präsentables Outfit zu entscheiden und das, was ich schließlich aus dem Schrank zerrte, konnte nur eine Notlösung sein. Hatte ich mir alle diese bunten Plünnen wirklich mal gekauft?

Gehetzt im Bad angekommen, krachte mir in der Dusche das überfüllte Ablagekörbchen herunter und später fielen mir beim Öffnen des Badezimmerschranks ein paar Lippenstifte entgegen. Nachdem ich die Rundbürste nach unbefriedigenden Föhnversuchen aus meinen Haaren gerissen hatte, wäre das Frühstück an der Reihe gewesen. Die Reste in den drei angefangenen Brotpäckchen waren schimmelig. Also drückte ich meinem Sohn statt Pausenbrot schnell zwei Euro für die Schulcafeteria in die Hand. Sein strahlendes Gesicht ließ mich ahnen, dass das Geld bei ihm in guten Händen war.

Später verpasste ich den Bus, weil mein Handtascheninhalt unbedingt in eine farblich zur Jacke passende Tasche umgeräumt werden musste, was bei der Anzahl an Kleinteilen etwas dauerte. Nach meinem kopflosen Sprint durch den Supermarkt – der Einkaufszettel lag derweil wohlbehalten auf dem Küchentisch – verklemmte sich beim Bezahlen einer der unzähligen Kassenbons im Reißverschluss meines Portemonnaies. Es ließ sich nicht öffnen. Dies trug nur bedingt zur Erheiterung der hinter mir wartenden Kundschaft bei.

Wieder zuhause angekommen war der Schlüsselbund in den unendlichen Weiten der Handtasche nahezu unauffindbar. Warum Henkel von Plastiktüten immer dann abreißen, wenn man gerade Joghurtbecher transportiert, möge mir mal jemand erklären.

Beim Auspacken meiner Einkäufe stellte ich fest, dass nur knapp die Hälfte der gekauften Dinge auf dem Einkaufszettel gestanden hatte. Um die Lebensmittel im Kühlschrank unterbringen zu können, war zunächst eine Entrümpelung fällig. Den Restwert der angebrochenen Gläser und Packungen, die entsorgt werden mussten, veranschlagte ich mit einem zweistelligen Eurobetrag. Dazu addierte sich noch der Transportschaden aus dem Bereich Milchprodukte.

Wütend ließ ich meinen Blick durch die Wohnung schweifen, wobei mir auffiel, wie voll und unaufgeräumt sie wirkte.

Die Garderobenhaken bogen sich unter der Last der Jacken und Mäntel, und wem gehörten bloß die vielen Schuhe? Unsere Wäsche türmte sich teils ungewaschen in der Wäschetonne und teils ungebügelt im Korb – ach was: in Körb*en*. Unzählige Dokumente warteten darauf, abgeheftet zu werden, die Kisten mit Altpapier und Leergut quollen über und zur Krönung des Ganzen klingelte der Paketdienst und brachte meine Großbestellung vom Versandhaus.

So konnte es auf keinen Fall weitergehen! Noch während sich der Bote den Erhalt des Paketes quittieren ließ, schwor ich mir, mein Konsumverhalten gründlich zu überdenken. Nicht, dass ich das nicht bereits mehrmals getan hätte, aber diesmal würde es klappen. Jawohl! Meinen Gedanken würden endlich Taten folgen!

„I have a cunning plan."

(O-Ton Baldrick in ‚Blackadder')

Der Plan

Ein Jahr lang werde ich nur Dinge kaufen, die unbedingt notwendig sind. Ich setze mich auf Konsumdiät! Doch damit nicht genug: Nebenbei werde ich unser Haus komplett entrümpeln und aufräumen. Ballast abwerfen und mich von unnötigen Dingen befreien. Mich völlig neu organisieren. Ein tolles Gefühl!

Zunächst suche ich in unserem Bücherregal nach den entsprechenden Ratgebern. Ich finde fünf Bücher zum Thema und nehme mir vor, sie in den nächsten Tagen nochmal zu lesen. Schließlich soll das Ganze Hand und Fuß haben. Was spricht also gegen ein wenig professionelle Hilfe? Ich muss schließlich nicht das Rad neu erfinden, wenn Wohnraumexperten, Ordnungscoaches und Verhaltenstherapeuten sich bereits ausreichend, und meiner Meinung nach perfekt, mit dem Thema beschäftigt haben. Die Frage, warum die Lektüre von *fünf* einschlägigen Büchern bisher nichts bewirkt hat, lasse ich auch mir selbst gegenüber vorsichtshalber unbeantwortet.

Es ist jetzt Mitte Oktober und ich habe mir überlegt, erst zu Beginn des neuen Jahres mit meiner Konsumdiät zu beginnen. Schließlich ist – zumindest in den Süßwarenabteilungen – die Vorweihnachtszeit in vollem Gange. Das geht absolut nicht ohne Shopping. Außerdem bleibt mir so genug Zeit zur konkreten Planung und Vorbereitung des Projektes. Über einige Dinge muss ich mir im Vorfeld Gedanken machen. Wir planen zum Beispiel die Anschaffung einer neuen Schlafzimmereinrichtung. Das verbuche ich eindeutig unter *unbedingt nötig*. Vielleicht spare ich in den nächsten Monaten soviel Geld ein, dass wir davon neue Möbel kaufen können.

Auch im nächsten Jahr wird es ein Weihnachtsfest geben – und Geburts- und andere Feiertage mit dazugehörigen Einladungen. Um meine Freunde und Familie nicht mit Selbstgebasteltem in Verlegenheit zu bringen, beschließe ich, dass der Kauf von Geschenken erlaubt ist. Die Dinge des täglichen Gebrauchs sind natürlich ebenfalls von der Konsumdiät ausgenommen, aber ich werde zukünftig darauf achten, auf preiswerte Varianten auszuweichen.

Mein Mann kommt nach Hause und ich weihe ihn begeistert in meine Pläne ein. Er ist von der Idee sehr angetan und zeigt sich hocherfreut über meine Versicherung, dass seine Regalmeter Zeitschriften und die Reggae-CD-Sammlung unangetastet bleiben.

„Du weißt, dass ein Jahr sehr lang ist. Hast du dir da nicht zu viel vorgenommen?“, fragt er besorgt.

„Schatz, du wirst dich wundern, wie viel Geld wir sparen werden. Besser noch: Alle Dinge, die wir nicht mehr brauchen, werde ich im Internet versteigern oder auf dem Flohmarkt verkaufen. Das bringt zusätzlich einen schönen Haufen Geld.“

Ich bin begeistert. Es eröffnen sich ungeahnte Einnahmequellen. Nebenbei werde ich unseren Haushalt neu organisieren. Wir werden viel mehr Platz haben und deutlich weniger Stress. Ein Glücksgefühl durchströmt mich. Mein Mann stimmt mir uneingeschränkt zu:

„Gut, dann fang mit dem Platz machen schon mal beim Sofa an.“

Damit vertreibt er mich von seinem Lieblingsplatz. Ich starte einen Rundgang durch unser Haus und sehe dezent eingerichtete und aufgeräumte Zimmer – vor meinem geistigen Auge.

Dann erreiche ich im zweiten Stock das Reich meines Sohnes und lande abrupt wieder in der Realität. David sitzt versunken inmitten seines Kinderzimmers – *versunken* sowohl als auch. Der Großteil des Bodens wird von einer Legoraumstation aus unzähligen, phantasievoll zusammengestellten Teilen eingenommen. Mein Kind hockt mittendrin und erweitert stetig das vor Wochen begonnene Projekt. Das Betreten des Raumes ist nahezu unmöglich geworden. Um zwecks Sauerstoffzufuhr zum Fenster zu gelangen, muss man über das Bett klettern und jeden Schritt vorsichtig planen. Mit Schuhen in Größe vierzig ist das eine Herausforderung – barfuß wegen der vielen spitzen Klötzchen eine noch größere. Zum Staubsaugen verwende ich im Kinderzimmer momentan nur den kleinen, schwächlichen Akkusauger – alles andere ist zu riskant für das imposante Bauwerk und die herumliegenden Teile.

Erschreckend ist, dass auch bei meinem Kind die Überfüllung bereits Einzug gehalten hat. Viele der vorhandenen Spielsachen werden nicht benutzt und lagern unbeachtet in Kisten – versteckt neben dem Kleiderschrank.

Kleine bis mittlere Wünsche werden durch Taschengeld und großzügige Verwandtschaft umgehend erfüllt und die erbliche Vorbelastung sorgt dafür, dass mein Kind sich sehr schlecht von Dingen trennen kann. Mein Vater hätte diese Gene, die offenbar meine Generation übersprungen haben, ruhig für sich behalten können. Er schafft es mühelos, eine Garage, ein als Lager dienendes, geschlossenes Carport und einen Keller vollzupacken. Vorteil ist, dass er, egal was man braucht, es irgendwo noch aufbewahrt hat. *Papa findet alles!*

Doch zurück zum jüngsten Mitglied unserer Wohngemeinschaft: Als ich David von meinen Plänen in Kenntnis setze, schaut er mich ungläubig an.

„Mama, das schaffst du nie!“, lauten seine motivierenden Worte.

Ich muss ihm in die Hand versprechen, dass sein Taschengeld weiterhin regelmäßig ausgezahlt wird und wir das bewährte Nussnougatcreme-Markenprodukt nicht durch eine Discountervariante ersetzen werden. Im Hinblick auf die bevorstehenden finanziellen Einsparungen hält er eine Taschengelderhöhung für unbedingt notwendig.

Ich verlasse sicherheitshalber die Gefahrenzone und rufe meine Schwester an. Niemand kann mir meine Vorfreude vermiesen.

„Kirsten, ich kaufe jetzt ein Jahr lang keine unnötigen Dinge."

„Weißt du noch, Schwesterlein, dieses Jahr hast du gerade einmal bis zum Winterschlussverkauf durchgehalten - und der war Ende Januar!"

Vorbereitungen

Mein Sohn, dieser missratene Bengel, hat eine Idee:

„Mama, du kannst doch ein Foto von deinem Kleiderschrank machen für dein Buch. Die Stange biegt sich schon – das sieht richtig gut aus."

Hätte ich bloß den Mund gehalten. Er bietet sich bereitwillig als mein Helfer an und will dafür sorgen, dass ich keinen Klamottenladen mehr betrete. Ich erkläre ihm, dass Bummeln und Anschauen unbedingt erlaubt sind – sogar Anprobieren. Lediglich der Kauf unnötiger Dinge ist verboten.

„Wenn man sieht, wie viele Sachen du hast, dann ist, glaube ich, alles unnötig, oder Mama?"

Inzwischen steht er murmelnd vor meinem geöffneten Schrank.

„David, was machst du da?"

Mir wird unbehaglich, als ich höre, dass er offensichtlich meine Kleidungsstücke zählt.

„Mama, du hast hundertvierundzwanzig Sachen auf Bügeln, weißt du das eigentlich? Und dazu sieben Stapel mit gefalteten Oberteilen."

Er muss sich zu meinen Ungunsten verzählt haben, um mich zu schockieren, ganz klar. Dabei ist er in Mathe ein Ass.

„Lass die blöden Witze und mach den Schrank zu!"

Er ist entrüstet:

„Aber das stimmt. Du hast wirklich so viele Bügel mit Sachen drauf. Soll ich auch mal deine Ketten zählen?"

Diese hängen in der Schranktüre an einer Krawattenhalterleiste, die dem Gewicht der zahllosen Perlen offensichtlich gerade noch standhält.

Ich verweise ihn energisch des Schlafzimmers und überdenke meine Schnapsidee von der Konsumdiät. Andere haben volle Ankleidezimmer, die so groß sind wie unsere komplette obere Etage. Die paar Teile hier sind dagegen ein Witz.

Um das Ausmaß der Ansammlungen von Kleidung und Accessoires zu überblicken, beschließe ich, eine Art Inventur durchzuführen. Dann werden wir sehen, dass alles im Rahmen geblieben ist.

Das gibt mir außerdem einen Schub im Hinblick auf meine Bügelwäsche. Ich sortiere sie nach Familienmitgliedern in die Körbe und meine darüber hinaus nach Warengruppen. Von Bügeln war keine Rede – man muss ja nichts überstürzen. Dann räume ich aus gegebenem Anlass gründlich auf. Eine umfassende Bestandsaufnahme ist definitiv nötig, doch zum eigentlichen Zählen sollte ich mir einen kompetenten Helfer organisieren. Spontan fällt mir ein jugendlicher Mitbewohner ein, der meiner Meinung nach nicht wirklich ausgelastet ist.

Eine gute Idee!

„David, hilfst du mir bei meiner Inventur?“

„Oh, Mama, da hast du dir aber etwas vorgenommen.“

Inventur

Wir haben ein anstrengendes, aber wunderschönes Familienwochenende in Brüssel verbracht. Bezeichnenderweise entdeckten wir dort über dem Eingang einer Einkaufspassage folgende Worte „Omnibus omnia“ (Allen alles). Danke für den Hinweis.

Die neue Tasche von Longchamps liegt in Seidenpapier verpackt in ihrer edlen Papiertüte. Die belgischen Pralinen sind ausgesprochen lecker. Jetzt ist genau der richtige Zeitpunkt, der Wahrheit ins Gesicht zu sehen. Das muss ich meinem Sohn nicht zweimal sagen. Mit Block und Stift bewaffnet begleitet mich mein kleiner Helfer bei einem systematischen Gang durch unser Haus. Ich zähle, er schreibt. David amüsiert sich prächtig über seine Strichliste und kündigt mir vorsichtig einen Schock an.

„Mama, wenn du wüsstest, wie viele Striche ich schon habe …“, droht er boshaft lachend.

„Ja, ja.“

Wir laufen einmal durch das Haus bis in den Keller hinunter, öffnen und schließen Schränke und zählen Schuhe, Schals und Taschen. Ich scheine ein Faible für Accessoires zu haben. Das Ergebnis ist in der Tat schockierend. Vor allem, weil ich Anfang des Jahres bereits ausgemistet und unzählige Internetauktionen abgewickelt habe. Bis eben fühlte ich mich nicht so überfüllt. Doch die Zahlen lassen keinen anderen Schluss zu: Es ist definitiv zu viel!

Die ‚Sachen auf Bügeln‘, die mein Sohn korrekt (!) gezählt hatte, kann ich mit ein paar Kleidungsstücken toppen, die aus Platzgründen im Schrank meines Mannes untergebracht sind. Wir kommen auf 135! Des weiteren hängen die Outdoorjacken in einem separaten Kleiderschrank. Hier besteht dringender Handlungsbedarf, vor allem, weil ich viele der Teile seit Jahren nicht ein einziges Mal anhatte.

Bei Tüchern und Schals komme ich auf eine Gesamtstückzahl von 64! Die selbstgestrickten Schals nehmen dabei einen erheblichen Raum ein, wobei sich die Huhn-Ei-Frage insofern stellt, was wohl zuerst da war: Die Jacken oder die dazu passende Halsdekoration?

Okay, ich gestehe: Ich habe 31 Jacken – die ganz dünnen mitgezählt. Einige kamen mir gar nicht mehr bekannt vor, sind aber unwiderruflich meine. Zu meiner Rechtfertigung kann ich sagen, dass es schließlich vier Jahreszeiten und innerhalb derer diverse Wetterlagen gibt. Das muss meines Erachtens unbedingt berücksichtigt werden. Außerdem kennen wir alle den Begriff ‚Übergangsjacke‘ für den Übergang von der einen zur anderen Jahreszeit.

Stehen nicht alle Frauen auf Schuhe? Ich bin da offensichtlich keine Ausnahme mit meinen 76 Paaren und erinnere erneut an die vier Jahreszeiten. Außerdem sind viele Schuhe im Grunde keine richtigen *Schuhe* sondern lediglich Sohlen mit winzigen Riemchen. Doch mein Inventurhelfer besteht darauf, auch die Sommerschläppchen mitzuzählen, dieser Erbsenzähler!

Kommen wir zum leidigen Thema Handtaschen: Da ich auch die Kleinen mitzählen musste, reden wir über 33 (in Worten: dreiunddreißig). Nicht mal für jede Woche des Jahres eine. Das geht noch, oder? Mein Sohn ist anderer Ansicht, aber was weiß der Bengel schon?

Bei den Ketten fällt mir ein wenig die Kinnlade runter: Ich besitze alles in allem 70 Stück (viele davon selbstgemacht) in allen Längen, Formen und Farben. Und das bei einem einzigen Hals! Wenn man dazu die Tücher zählt, die ja ebenfalls halsnah getragen werden, ist das wohl tatsächlich ein *winziger Hauch* zu viel. Auf die eine oder andere sollte ich in der Tat verzichten. Die Anzahl meiner Armbänder bewegt sich aufgrund der doppelt vorhandenen Trageeinheit im normalen Bereich.

Eine weitere Sammelleidenschaft: Parfum. Ich liebe Düfte und probiere gerne neue aus. Hier habe ich Anfang des Jahres rigoros ausgemistet und zahlreich versteigert. Schließlich halten die nicht ewig. Es sind zwölf Flacons übrig geblieben, die ich alle abwechselnd und je nach Laune gerne benutze. Alle Flüssigkeiten ergeben zusammen sage und schreibe einen halben Liter. Plus zweimal einhundert Milliliter von meinem Lieblings-Bodyspray in Reserve. Diese Menge sollte für das kommende Jahr unbedingt ausreichen. Mein Mann hat mir vor kurzem meinen Lieblingsduft geschenkt – in Form reinen Parfums. Das schlägt bei der Flüssigkeitsmenge erfreulicherweise kaum zu Buche.

Last but not least: die Lippenstifte. Auf den ersten Blick ist auch hier gerade noch der grüne Bereich aktuell. Es sind 24 Stück, was bei der im Handel erhältlichen Farbpalette auf jeden Fall angemessen ist. Auf den zweiten Blick handelt es sich bei den Unterschieden zwischen meinen vorhandenen Farbtönen allerhöchstens um Nuancen. Was für einen männlichen und einschlägig ungebildeten, kleinen Inventurhelfer bedeutet:

„Die sehen alle irgendwie gleich aus."

Ja, tun sie! Ist ja gut!

Schluss jetzt mit dieser blöden Inventur! Das hat mir bereits damals in der Lehre keinen Spaß gemacht. Pah! Mein Sohn will mit mir die

Liste diskutieren, aber ich muss dringend meine Schwester anrufen und ihr mein Herz ausschütten. Sie versteht mich – immer.

„Kirsten, ich bin am Ende. Ich habe gerade Inventur gemacht wegen der Konsumgeschichte."

„Warum tust du denn auch so was?"

Schadenfreude

David liest seiner Tante am Telefon triumphierend die Inventurliste vor und kommentiert die Ergebnisse auf seine direkte Art. Ich überlege, von wem er das hat. Auf mich kommt er jedenfalls nicht, dieser kleine Teufel.

Der schöne, rote Schal, den meine Schwester kürzlich aus Marokko mitgebracht hat, macht mir jetzt den Schnitt kaputt. Eigentlich ist *sie* sowieso an allem Schuld. Früher haben wir beide regelrechte Shoppingmarathons veranstaltet. War das toll, als damals der ‚lange Donnerstag' eingeführt wurde. Für uns genau das Richtige. Meist haben wir uns nach Dienstschluss in der Stadt getroffen und *unsere* Läden abgeklappert.

Mittlerweile halten wir einen Köln-Bummel nur mit mehreren Erfrischungspausen durch. Vor allem, weil wir das Auto im Parkhaus nicht mehr als Zwischenlager nutzen, seit es dort einmal aufgebrochen wurde. Damals hat man uns sämtliche Weihnachtsgeschenke gestohlen, die wir an einem lauschigen Wintertag in der Kölner City zusammengetragen haben. Unser diesbezügliches Trauma sitzt tief. Das bedeutet in Konsequenz also schleppen und daraus resultierende stetige Temporeduzierung. Am Ende eines solchen Ausflugs schleichen wir nur noch verschwitzt und voll bepackt von A nach B.

Der Leidensdruck ist jedoch bei uns beiden noch nicht groß genug, um mit schnittigem Rollkoffer oder einem dieser attraktiven Shopper auf Rädern loszuziehen. Außerdem starten wir unsere Touren immer mit dem Vorsatz, nur eine Kleinigkeit zu kaufen und uns ansonsten einen lukullisch schönen Tag zu machen mit Sektfrühstück, Einkehr im Brauhaus und/oder Rieseneisbecher als Nachtisch. Klingt gut, nicht wahr?

Erfahrungsgemäß finden wir uns irgendwann ausgehungert und ausgetrocknet in einer Umkleidekabine ein und wühlen dort in unseren Handtaschen nach Traubenzuckerwürfeln. In einem großen Kaufhaus befindet sich für die Kunden ein Trinkwasserspender, der auch meistens gefüllt ist. Man kennt sich aus.

David hat inzwischen genug gelästert und unterbricht meine Gedanken. Er reicht mir grinsend den Telefonhörer.

Meine Schwester vergewissert sich fernmündlich, dass mein Projekt erst im kommenden Jahr starten wird. Wir verabreden uns zum Bummeln für nächste Woche und wollen dann in Ruhe alles besprechen.

„David, ich bin heute mit Tante Kirsten verabredet."

„War ja klar – ihr geht wieder Shoppen."

Bummeln

Was bringt es, dem Kleinen zu erklären, dass wir nur gemütlich bummeln gehen ohne Kaufabsichten. Mit Frühstück vorweg in einem netten Café. Remscheid haben wir uns als Ziel ausgesucht.

„Dort gibt es schöne Läden", sagt Kirsten.

Sie muss es wissen. Wir sind bestens für einen Stadtbummel gerüstet: Handtaschen zum Umhängen für eine optimale Handfreiheit. Bequeme und relativ flache Schuhe, die schnell aus- und wieder angezogen werden können. Jäckchen statt Pulli aus dem gleichen Grund sowie Verzicht auf sperrige Accessoires und unnötigen Ballast. Wer hält sich schon gerne länger als nötig in einer Umkleidekabine auf? Nicht, dass wir etwas anprobieren wollten, aber man kann nie wissen!

Kirsten und ich sind begeisterte Schnäppchenjäger und Remscheid ist wirklich schön. Wir parken zentral und suchen uns zuerst ein nettes Frühstückscafé. Mein Projekt ist Thema Nummer eins. Wir sind beide der Ansicht, dass Lachsbrötchen in die Kategorie ‚unbedingt nötig' gehören, es sei denn, man hat bereits gefrühstückt. Schließlich muss ich mir schon mal Gedanken machen, wie das nächste Jahr ablaufen wird. Kirsten ist von meiner Idee einerseits angetan. Da sie von Natur aus nichts wegwerfen kann, sieht sie ein solches Projekt für sich selbst jedoch unrealistisch. Tja, meine spontane Idee mit der Leidensgefährtin – war wohl nix!

Warum eigentlich *Leiden*? So ein Quatsch – schließlich bin ich nicht kaufsüchtig, wie mir ein einschlägiges Taschenbuch erfreulicherweise bestätigt hat. Aber ein Partner zum Austausch von Erfahrungen und zur Motivation bei Willensengpässen wäre schön gewesen. Wenigstens beschließen wir noch vor dem zweiten Kaffee eine gemeinsame Aktion:

Wir werden uns gegenseitig besuchen und direkte Hilfestellung beim Ausmisten unserer überfüllten Kleiderschränke geben. Meine Schwester hat tatsächlich noch Klamotten, die wir bei unseren ersten langen Donnerstagen gekauft haben. Das war vor genau zwanzig Jahren! Wir werden alles rigoros unter die Lupe nehmen und dann entscheiden. Flop oder top! Den Termin für den Großkampftag legen wir in die Zeit vor dem Jahreswechsel und werden zum krönenden Abschluss jeden einzelnen Altkleidersack bei unserem Lieblings-Italiener feiern.

Bei meiner Schwester kann ich hundertprozentig sicher sein, dass sie mich vorteilhaft berät. Wie soll man sich auf den Rat einer Verkäuferin verlassen, die ihre Provisionsaufkleber im dicken Bündel in der Brusttasche spazieren trägt oder den Kuli immer im Anschlag hat, um flächendeckend ihre Verkäufernummer auf Preisetiketten zu hinterlassen. Dem stehe ich äußerst misstrauisch gegenüber. Die Ladies müssen in den Sachen später nicht herumlaufen oder sie in ihrem Kleiderschrank lagern, um sie dann irgendwann ungetragen zu entsorgen.

Dafür sind Kirstens Vor-der-Kabine-Kommentare in der Regel wenig schmeichelhaft. Oft reicht ihr Blick – gerne begleitet von schallendem Gelächter. Bei hartnäckig verzerrtem Selbstbild meinerseits wird sie dann auch schon mal direkter. Ihre Frage:

„*Wie? Alt? Bist? Du?*“ (Betonung auf jedem einzelnen Wort) ist ein Klassiker. Meine Schwester hat mich dadurch vor manchem Fehlkauf bewahrt. Sogenannte *Freundinnen* leider nicht. Die wurden mittlerweile nebst Klamotten entsorgt.

Auch mein Sohn als selbsternannter Shoppingberater ist in seinem Urteil gnadenlos. Was ich mir von einem Elfjährigen bereits anhören musste, werde ich an dieser Stelle unterschlagen. Meist beziehen sich seine Bemerkungen auf mein Alter und meinen inkompetenten Umgang damit. Wer mich kennt weiß, dass ich wirklich nicht zu der Gruppe Frauen gehöre, die ein Problem mit dem Älterwerden hat und das mit jugendlichen Outfits und Frisuren kompensiert. Mein Kleidungsstil ist eher konservativ mit modischen Akzenten. Doch selbst diese Kleinigkeiten findet mein Sohn oft zu jugendlich. Man hat es weder leicht noch kann man es allen rechtmachen.

„Angelika, ich muss dringend meine Klamotten aussortieren.“

„Dann schmeiß am besten alles weg, was zu klein oder zu groß ist.“

Entrümpeln

In Leverkusen findet ein Heimspiel statt. Meine Männer sind in Richtung Stadion aufgebrochen und ich stehe vor meinem Kleiderschrank – dem mit der gebogenen Stange – und bin fest entschlossen: Heute müssen ein paar Sachen aussortiert werden. Meine liebe Freundin hat mir den tollen Tipp gegeben, mich von all den Stücken zu trennen, die nicht mehr passen. Danke schön! Das habe ich bereits Anfang dieses Jahres gemacht. Ich erspare mir eine genauere Aufzählung, aber die damals entsorgten Sachen hatten ursprünglich insgesamt locker einen vierstelligen Anschaffungswert.

Jetzt stehe ich vor einer *echt bunten* Herausforderung und fange bei den Blusen an. Wie viele weiße Blusen braucht eine einzelne Frau? Von rein weißen über eierschalenfarbene bis zu hellbeigen, in Ausführungen von glatt über edelknitterig bis bestickt und in sich gemustert, mit und ohne Kragen, zähle ich zweistellig. Zuviel! Ich finde drei relativ alte Modelle sowie ein paar, die ich wohl höchstens einmal anhatte, weil sie meiner Meinung nach etwas bieder aussehen. In der Umkleidekabine wirkten sie noch wesentlich flotter. Weg damit! So geht es munter – nein, ehrlich gesagt kann von *munter* keine Rede sein – weiter.

Nach einer halben Stunde steht es bei der Werkself 0:0 – bei mir schon 13:122. Dreizehn Bügel leer – hundertzweiundzwanzig voll. Ich reiße eine weitere Mülltüte von der Rolle und wühle in den Pullis, die unten im Schrank in zweiter Reihe liegen. Ich finde Exemplare, die nicht einmal von der gemeinen Kleidermotte beachtet werden – wie kommen die in meinen Schrank? – und mache auch hier kurzen Prozess. Schwarze Hosen sind ebenfalls in allen Schnitten und Stoffen vorhanden. Ein Überbleibsel von meiner letzten Tätigkeit am Empfang eines namhaften Unternehmens. Ich behalte die, die ich sowieso öfter trage – alle anderen kommen in den Sack. Fleckige Shirts *für drunter*, die Jeans mit kaputtem Reißverschluss, zwei ausgeleierte Sporthosen: Weg! Ich arbeite mich weiter durch die Tiefen des Schrankes und entdecke noch den einen oder anderen Fehlkauf.

Hoffentlich holt die Altkleidersammlung den Krempel schnell ab, bevor ich auf die Idee komme, die Säcke noch einmal zu inspizieren. Mein Mann verhindert das schadenfroh, indem er sie kurzentschlossen ins Auto lädt und mit mir zum nächsten Kleidercontainer fährt. Hey, warum so eilig? Das müssen wir doch zunächst planen. So hätten wir zum Beispiel direkt das Leergut mitnehmen können.

Während die dicken Bündel in den Container plumpsen, plumpst mir das Herz – und zwar in die Hose. Die schönen Sachen.

Weg sind sie.

„Eva, habe ich dir schon erzählt, dass ich ein Jahr lang nichts Unnötiges kaufen werde?“

„Wieso ein ganzes Jahr? Also, ein Monat reicht doch da vollkommen aus.“

Kinkerlitzchen

Es sind die kleinen Sachen, die Frauen wie mir das Genick brechen. Ich rede hier über all die Tüchlein, Kettchen und Dekoartikel, die immer wieder den Weg in unsere Wohnung finden. In einem Möbelhaus durch die Dekoabteilung zu schlendern, ist tückisch: Paletten voll niedrigpreisiger Artikel, an denen man einfach nicht vorbei gehen kann.

Meine Freundin Eva ist der Wohnen-nach-Wunsch-Typ. Ihr Haus ist sehr geschmackvoll und modern eingerichtet. Alles passt zusammen. Sie gibt mir den Rat, grundsätzlich weiter zu kaufen, jedoch dafür immer 1:1 etwas Altes zu entsorgen. Also praktisch vorhandene Dinge laufend durch schönere zu ersetzen, wie sie es praktiziert. Klingt gut, widerspricht aber im Grundsatz leider meinem Vorhaben.

Eva erklärt mir, dass, wenn wir uns als Kunden (durch unser Durchschauen der Situation) bewusst auf den Kauf der unnötigen Kleinigkeiten einlassen, damit über den Dingen stehen. Ihr Einzelhändler verarscht uns nicht mit euren billigen Lockangeboten – nein: Wir wissen, dass es Lockangebote sind und kaufen sie trotzdem.

Das ist der Unterschied: *Wir* sind die Gewinner!

„Alles Gute für das neue Lebensjahr, meine Liebe."

„..."

Geburtstag

Heute ist mein Geburtstag. Anstelle meines alljährlichen Frauenabends findet heute anlässlich der feierlichen Proklamation unseres neuen Lützenkirchener Karnevalsprinzen ein Männerabend statt. Ein paar Freundinnen und ich werden uns als Männer verkleidet ins Getümmel stürzen. Bärte, Schnäuzer und Brusthaartoupets liegen bereit, der Sekt steht kalt und die Gäste können kommen. Das tun sie gut gelaunt und mit Gutscheinen im Gepäck. Danke Mädels – ihr seid klasse.

Wir diskutieren ausgiebig darüber, ob Gutscheine nun Geld sind, oder bereits bezahlte Ware, die man nur noch aussuchen muss. Wir einigen uns darauf, dass die Verwendung von Gutscheinen nicht unter das Shoppingverbot fällt und ausdrücklich erlaubt ist. Wieso grinsen die denn dabei so?

Unsere Verkleidung sorgt bei der Proklamationsfeier für allgemeine Erheiterung der Anwesenden. Vor allem die Männer aus dem Bekanntenkreis zögern merklich, bevor sie sich herzlich mit flauschigem Küsschen links, Küsschen rechts begrüßen lassen. Wider Erwarten lässt es sich mit dem angeklebten Oberlippenbart gut essen und trinken, was bei dem rustikalen Speisenangebot sehr wichtig ist. Die Stimmung ist klasse und der neue Lützenkirchener Prinz Peter I. toppt mit seinem gepflegten Schnäuzer all unsere Plüschbärtchen.

Einige Tage später erreicht mich eine nette Mail von Renate, einer ehemaligen Kollegin, die ich sehr gerne mag. Momentan ist sie auf Jobsuche und bekommt kein Arbeitslosengeld. Renate sieht klasse aus. Man könnte ihr einen Lumpensack umhängen und sie würde damit einen Trend setzen. Die Job-Geschichte nagt heftig an ihrem Selbstwertgefühl.

„Hallo Britta,

hier mein Kommentar zu deinem Vorhaben, ein ganzes Jahr lang nur das Nötigste zu kaufen. Keine Klamotten, keinen Schnickschnack, nur notwendige Dinge:

Ich praktiziere das jetzt seit ein paar Wochen. Leider nicht freiwillig, sondern wegen der Arbeitslosigkeit.

Grundsätzlich finde ich dein Vorhaben gut. Denn wenn man sich in seinem Kleiderschrank umsieht, hängen dort genug Klamotten (und auch einige, die man noch nie anhatte).

Irgendwie ist es ein Zwang, dass man meint, sich ständig was Neues zum Anziehen kaufen zu müssen. Die Stiefel aus der letzten oder vorletzten Saison würden es sicher gut durch den nächsten Winter schaffen – oder???

Und ich bin so eitel, dass mir die Meinung der anderen Leute wichtig ist. Von wegen: ‚Die Renate ist immer gut angezogen‘ und so weiter. Das macht doch nicht den Menschen aus.

Was bei mir auffällig ist, ist, dass ich sehr viel Geld für Kinkerlitzchen ausgebe, zum Beispiel Modeschmuck, Tücher (immer wieder kaufe ich ein neues und ziehe es dann nicht an), Dekoartikel und Kosmetik. Da habe ich mir schon oft geschworen: Ab nächsten Monat wird nix mehr gekauft.

Würde sehr gerne mitmachen. Ab Januar. Ich will mir nämlich Geld zurücklegen für den nächsten geplanten Türkei-Urlaub.

Bis dahin

Gruß Renate"

„Herr Mähler, ich werde meinen Konsum nächstes Jahr auf das Notwendigste beschränken."

„Ich glaube, das haben Sie dieses Jahr schon mal versucht, oder?"

Markenwahn

Gerade habe ich es im Wartezimmer meines Arztes schwarz auf weiß gelesen: Die meisten Lippenstifte enthalten ungesunde Stoffe. Nehmt mich bloß noch nicht dran! Für den Kauf der teuren Testzeitschrift bin ich zu geizig. Die Arzthelferinnen scheinen meiner stummen Bitte nachzukommen und ich suche hektisch in der umfangreichen Tabelle. Mein Neuerwerb aus der Parfümerie – Preis zweistellig, Marke oberedel – ist irgendwo zwischen ausreichend und mangelhaft zu finden. Die von mir ebenfalls bevorzugte Drogerievariante schneidet nicht viel besser ab. Die Testnoten meiner Lieblingsmarken erinnern mich an mein Zeugnis der achten Klasse … das Schuljahr musste ich wiederholen.

Ich bin entsetzt und verunsichert. Soll ich meine kleinen Schönheitshelfer jetzt entsorgen? Die waren schließlich teuer. Der gute Herr Rossmann hat allen Grund zur Freude, denn seine preiswerte Eigenmarke steht mit Bestnoten ganz oben auf der Scala.

Vom Arzt gesund entlassen – meine Blutwerte haben ebenfalls die Testnote „sehr gut" – fahre ich sofort zur nächsten Rossmann-Filiale. Für je zwei Euro erstehe ich den Testsieger in drei von mir bevorzugten Farbschattierungen und bin glücklich. Einmal in dem Laden drin, inspiziere ich direkt das komplette Eigenmarkensortiment und staune: All die lästigen Putzmittel und Drogeriegebrauchsartikel bewegen sich preislich überwiegend im Centbereich. Haarpflege- und Stylingprodukte bieten ebenfalls enorme Einsparpotentiale gegenüber den von mir bisher verwendeten Produkten. Die Behälter sehen absolut badezimmertauglich aus, selbst die Namen klingen sympathisch.

Zum Teufel mit den Markenartikeln und her mit den Sparprodukten! Immer wieder werden diese als preiswert abgefüllte Ware aus namhaften Herstellerunternehmen entlarvt. Ich schiebe einen vollen Einkaufswagen durch den Drogerie-Discounter und spare dabei etliche Euro. An der Kasse zahle ich einen lächerlich geringen Preis für meine Testkäufe und kann es kaum erwarten, sie auszuprobieren.

In den nächsten Tagen ist keines der Produkte vor Frau Warentest sicher. Erwartungsgemäß besteht jedes einzelne, vom Shampoo über das Deo bis hin zum Papiertaschentuch, meine Prüfung mit Auszeichnung. Euphorie macht sich breit, denn auch der Lippenstift erweist sich als absolut tauglich und der billige Nagellack hält besser als mein Luxusprodukt. Die kostenlos im Laden ausliegende Hauszeitung ist informativ und im kommenden Jahr ein guter Ersatz für meine (für unnötig befundenen) Frauenzeitschriften.

Warum bin ich bloß so markenfixiert? Auf nahezu jeder meiner Handtaschen prangt das Logo eines Designers. Schmuck, Uhren, Parfums, Tücher – alles Markenartikel. In den kommenden Tagen streife ich durch die Läden und schaue bewusst nach No-name-Produkten, die mir gefallen und einen Bruchteil dessen kosten, was ich gewöhnlich bei mir trage. Gleichzeitig mache ich mir weiter Gedanken über meine Markenversessenheit.

Wertet ein Designer-Logo mich in irgendeiner Form auf? Es wäre bedenklich, sich als zahlender Werbeträger nur aufgrund der Markenembleme wichtig zu fühlen. Vielmehr müsste man Geld dafür bekommen, dass man solche Label gut sichtbar durch die Gegend trägt. Verkehrte Welt. Auf mich könnt ihr jedenfalls nicht mehr zählen. Gekauft wird eh nix mehr und im Zuge meiner geplanten Entrümpelaktion dürfen sich einige Internetnutzer auf die bevorstehenden Auktionen freuen. Ich fühle mich regelrecht weise.

Dezember

„Herr Mähler, ich überlege ernsthaft, mich als Werbefläche zu vermieten.“
„Ist Ihnen nicht gut? Soll ich einen Arzt rufen?“

Der Countdown läuft

Ich fange nun tatsächlich an zu überlegen, welche Dinge noch bevorratet werden sollten. Der blanke Horror wäre zum Beispiel, wenn ich gegen Ende des zweifellos erfolgreichen Projektes nach einem Unfall plötzlich ins Krankenhaus müsste und dann dort in ausgeleierter, verwaschener Unterwäsche läge. Unser Trockner verkürzt deren Lebensdauer beträchtlich; eine Tatsache, die man nicht außer Acht lassen darf. Mit den Trocknerfusseln könnte man Matratzen füllen. Ein hektischer Blick in meine geräumige Kommodenschublade beruhigt mich wieder. Genaue Zahlen möchte ich dem Leser an dieser Stelle ersparen. Ich bin traumatisiert von meiner durchgeführten Inventur und kann mir das momentan noch nicht wieder zumuten. Ach was, ich mache mir viel zu viele Gedanken. Wie immer!

Da wir mit Dingen des täglichen Bedarfs recht gut ausgestattet und komplett eingerichtet sind, sehe ich für das folgende, konsumarme Jahr keine Schwierigkeiten. Viele Geräte sind mehrfach vorhanden, was eventuelle Defekte kompensiert. Trotzdem bin ich ungewohnt nervös.

Mein Liebster schlägt vor, einfach alles auf sich zukommen zu lassen. Er ist definitiv der Sorglosere von uns beiden und fährt damit recht gut. Außerdem wäre panisches Hamsterkaufen sicherlich nicht der Sinn der Sache. Bewusstes Konsumieren und bewusstes Entscheiden über die Notwendigkeit einer Anschaffung – und sei sie noch so klein – ist mein Ziel. Ich werde in keine Marketingfalle mehr tappen und mir den Kauf irgendwelcher Sachen einreden lassen. Ihr werdet euch wundern, ihr Werbefuzzies! Ich ignoriere euch, ohne mit der Wimper zu zucken.

Entschuldigen Sie mich bitte einen Moment: Okay, Wimperntusche reicht aus für nächstes Jahr. Habe zwei ganz neue in Reserve – die waren reduziert …

„Kirsten, ich glaube, unsere Eltern machen sich über mich lustig."

„Ja, ich weiß …"

Rabeneltern

Jawohl, Mama! Jetzt liest du es schwarz auf weiß: Ihr seid Rabeneltern! Zufällig habe ich mitbekommen, dass ihr euch über mein Projekt lustig macht. Jede Tüte, die ich ins Haus trage, wird argwöhnisch beäugt und hinter meinem Rücken kommentiert. Ihr unterstellt mir doch tatsächlich dass ich im Endspurt des laufenden Jahres noch einen Rekord brechen will. Was soll das hämische Lachen? Die Sachen brauche ich alle! Unbedingt!

Na gut, die Platzdeckchen waren nicht *so* nötig, aber ihr habt euch über mein Mitbringsel gefreut, oder? Das war ein Geschenk! Das lieb gemeinte Geschenk einer liebenden Tochter. Und was muss ich von meiner Schwester erfahren? Ihr lacht über mich. Pfui! Das hätte ich von euch wirklich nicht gedacht.

Okay, in der großen Tüte neulich war ein Strickpullunder. Er war heruntergesetzt und Beerentöne sind modern. Mein Gott, ihr solltet euch was schämen.

Und noch etwas! Ein für alle Male: *Nein*, der/die/das (was auch immer) ist *nicht* neu! Den/die/das habe ich schon lange! Seit Jahren! Ewig!

Ehrlich!

„Das schöne Mädchen von Seite eins ... lalala ...“

„Die kann bleiben wo der Pfeffer wächst.“

Versandhauskataloge

„Schatz, jede Menge Post für dich.“ Mein Mann legt mir einen recht umfangreichen Stapel Papier auf den Tisch, verzieht das Gesicht und massiert demonstrativ seine Bandscheibengegend. Vor mir liegen viele, viele, bunte Hochglanzseiten, bebildert mit Waren aller Art.

Seit meinem Mitte Oktober gefassten Entschluss sammle ich bewusst jeden Katalog, der namentlich an mich gerichtet unseren Briefkasten verstopft. Der Stapel dieser Konsumentenbibeln ist inzwischen beachtlich hoch. Die neue Winter- und Frühjahrsmode, Bücher, Schuhe, Münzen (Münzen?), Kosmetik – jeweils von mehreren Anbietern. Ich habe Kundennummern bei mir völlig unbekannten Unternehmen sowie diverse Vorteils-, Aktions- und Gutscheincodes. Meine zaghaften Versuche, sämtliche Kataloge telefonisch abzubestellen, laufen ins Leere. Stattdessen wird mir nahe gelegt, sie zu entsorgen. Ich bin wahrlich kein ‚Öko‘, aber mir ist unwohl bei dem Gedanken an diese unzähligen, sinnlos bedruckten Seiten Papier, die besser ein Baum geblieben wären. Ach was: Baum – ein *Wald*. Doch diese Flut ist beim besten Willen nicht mehr zu stoppen.

Meine freundliche Bitte, doch direkt meine kompletten Kundendaten zu löschen, sorgt für völliges Unverständnis an diversen Service-Telefonen. Ich möge einfach nichts mehr bestellen – eine Löschung sei unmöglich. Hallo: Ich habe niemals etwas bei denen bestellt! Sicher, man hat das eine oder andere Versandhaus seines Vertrauens, aber der Datenhandel der diversen Händler untereinander scheint offensichtlich zu blühen. Na wartet. An mir werdet ihr euch in Zukunft die Zähne ausbeißen. Ich trage vorerst 3,8 Kilo Kataloge zur blauen Tonne.

„Herr Mähler, ist Einkaufen ein verfassungsmäßiges Recht?"
„Darauf erwarten Sie doch nicht ernsthaft eine Antwort."

Rote Roben

Herzlichen Dank! Unsere, in rotes Gewand gehüllten, obersten Verfassungsrichter haben im Einsehen mit mir ein weises Urteil gefällt: Der verkaufsoffene Adventssonntag widerspricht dem Grundrecht auf meine Sonntagsruhe und die der meisten anderen Deutschen. Schließlich wird es für mich nächstes Jahr schlimm genug werden, sechsmal pro Woche auf das Shoppen zu verzichten – siebenmal wäre desaströs!

Ich möchte sonntags nicht einkaufen, sondern mich von der Woche erholen. Ein Eierfrühstück mit meiner Familie und anschließend den Tag vertrödeln. Nur das tun, wozu man Lust hat.

Welche Dinge müssen unbedingt am Sonntag im Einzelhandel gekauft werden, die man an den anderen sechs Tagen nicht bekommt? Ich hätte ein schlechtes Gewissen, dem netten Verkaufspersonal nebst deren Familien den Sonntag zu verderben.

Es steht jedem frei, mit Hilfe des Computers rund um die Uhr sein Geld an eine Fülle von Onlineshops zu verteilen. Dafür muss man sich nicht schick machen und ist garantiert wetterunabhängig – außer bei einem schweren Gewitter vielleicht. Dann sollte der PC lieber ausgeschaltet bleiben. Alternativ ist ein verkaufsoffensonntäglicher Stadtbesuch bei schlechtem Wetter auch nicht der angenehmste Zeitvertreib.

Also, nochmal vielen Dank für dieses salomonische Urteil, liebe Bundesverfassungsrichter!

Diese roten Roben lassen mir keine Ruhe. Muss unbedingt mal losziehen und nach einem Mantel in diesem schönen, satten Farbton gucken. Nächsten Sonntag ist die City verkaufsoffen. Ich hätte Zeit.

„Mama, Papa, was wünscht ihr euch zu Weihnachten?“

„Liebe Kinder.“

(Originalton aus meiner Kindheit)

Es weihnachtet sehr

So kurz vor den Festtagen steht prompt wieder diese Frage im Raum, die mir Schweißperlen auf die Stirn zaubert:

„Was wünscht ihr euch denn?“, wird beiläufig in das eine oder andere Gespräch eingeworfen und mir fällt auf, dass ich keine Wünsche habe. Jedenfalls keine in geschenkverpackbarer Größenordnung. Wenn ich etwas brauche oder zu brauchen glaube, düse ich in die Stadt oder durchs weltweite Netz, trage das Objekt der Begierde zur Kasse und tausche Plastikgeld gegen Plastiktüte.

Dazu muss ich anmerken, dass wir normale Verbraucher ohne große Flausen im Kopf sind – keine Luxusmännchen und -weibchen, denen es nie teuer genug sein kann. Unsere Familie steht mit sämtlichen Beinen fest auf dem Boden. Auch meine Eltern, die in unserem Haus eine Etage bewohnen, sind sparsam und bodenständig. Wir neigen grundsätzlich dazu, auf dem Teppich zu bleiben. Die alltäglichen Bedürfnisse erfüllt man sich im Rahmen seiner Möglichkeiten. Schließlich erarbeiten wir uns unser Geld und müssen niemandem Rechenschaft ablegen.

Ein kleines Beispiel: Meine Männer basteln für Davids Erdkundeunterricht ein Gebirge aus Styropor. Bevor das Wohnzimmer endgültig arktische Züge annimmt, holt Frau Heinrichs den Staubsauger. Nach circa drei Sekunden folgen die ersten Beschwerden von Seiten der Bastelfraktion. Das Ding ist zu laut – es stört!

Mein diastolischer Wert steigt auf drei Stellen an, meine Zornesfalte vertieft sich und in Staubsaugerlautstärke kläre ich meine Bastler darüber auf, dass ich als alleinige Nutzerin des Gerätes diesen Lärm grundsätzlich aushalten muss. *Jedes Mal* beim Staubsaugen! Was bei der Mitgliedschaft in einem Fußballverein mit Aschenplatz und einem Sohn, der den Zweitnamen Krümelmonster verdient, häufig vorkommt. Auf die betroffenen Mienen folgt umgehend eine der folgenden Bemerkungen:

a) Armer Schatz …

b) Du hast Recht, entschuldige bitte. *Wir* werden das wegsaugen.

c) Okay, wir kaufen einen neuen Sauger … einen leisen.

Dreimal dürfen Sie raten. Wir haben im Zeitalter des Überflusses, den es sogar für den kleinen Geldbeutel gibt, das Warten regelrecht verlernt. Wünsche haben gar keine Gelegenheit mehr, zu entstehen. Bedürfnisse werden umgehend erfüllt. Warten? Aufs Christkind etwa?

Ich setze mich jedoch durch und verhindere den spontanen Erwerb eines Ersatzes für ein voll funktionsfähiges Haushaltsgerät. So weit kommt es noch. Das Ding arbeitet einwandfrei – abgesehen von der Geräuschkulisse, bei der man sein eigenes Wort nicht versteht. Als wir ihn bei einer Tombola gewonnen haben, war er noch leise und dezent. Nach und nach hat er aufgedreht und ist mittlerweile wirklich kaum zu ertragen. Doch er saugt wie ein Weltmeister, ist klein und handlich. Solange er funktioniert, bleibt er. Basta!

„Elli, für mein neues Buchprojekt werde ich ein Jahr lang nichts Unnötiges kaufen."

„Was meinst du mit ‚unnötig'? Schuhe und Taschen sind zum Beispiel auf keinen Fall unnötig!"

Generationen

Elli habe ich durch mein letztes Buchprojekt kennen gelernt. Sie ist Handballprofi, jugendliche zwanzig und könnte altersmäßig theoretisch meine Tochter sein. Rein optisch haben wir rein gar nichts gemeinsam, aber in punkto Shopping sind wir praktisch Zwillinge. Sie kann es kaum fassen, dass jemand ein ganzes Jahr lang auf den Kauf unnötiger Dinge verzichtet – und das freiwillig.

Wir sitzen zusammen in einem Restaurant und ich könnte mich kaputtlachen über ihr fassungsloses und ungläubiges Gesicht. Elli ist laut eigener Angaben eine leidenschaftliche Käuferin, die selbst nicht einen einzigen Monat durchhalten würde. Ihr Argument, dass die Frauen durch ihr Kaufverhalten prinzipiell die Wirtschaft *am Laufen halten*, klingt schlüssig. Die Männer aus unseren beiden Bekanntenkreisen, die gerne durch die Läden ziehen, können wir an einer Hand abzählen.

Ellis Woche als Profisportlerin und Auszubildende ist straff organisiert. Trotzdem findet sie immer wieder Zeit, ihr Geld unter das Volk zu bringen und Schuhe, Taschen und Klamotten nach Hause zu tragen. Sie ist der Ansicht, dass normale Frauen das Shopping-Gen besitzen und sieht mein Projekt aus diesem Grund akut gefährdet. Elli beschließt in ihrem jugendlichen Leichtsinn, aus Solidarität mein Projekt mitzutragen und den kompletten Monat Januar auf das Shoppen zu verzichten. Länger traut sie sich das nicht zu – immerhin: Ich bekomme prominente Gesellschaft.

„Herzlichen Glückwunsch johannbritta, Ihre Auktion war erfolgreich …“

(Freudige Nachricht von Ebay)

Zum 1. – zum 2. – zum 3.

Ich habe es mir nicht nehmen lassen, ein paar Auktionen einzustellen. Die ersten aussortierten Kleinteile aus dem hochwertigen Accessoire-Bereich waren erfreulicherweise sehr begehrt. Tücher und Modeschmuck nehmen zwar nicht viel Platz weg, aber wenn ich an die zuletzt durchgeführte Inventur denke, ist das wenigstens ein Anfang.

Für einige Teile habe ich mehr Geld bekommen, als ich selbst einmal dafür gezahlt habe. Sicher hat das bevorstehende Weihnachtsfest die Preise positiv beeinflusst. Im Ganzen bin ich sehr zufrieden mit dem erzielten Gewinn und packe fleißig Päckchen.

Ich werde zukünftig eine Kiste bereitstellen, in der alle auktionsgeeigneten Dinge gesammelt werden. So kommen peu-à-peu noch ein paar Euro zusammen.

Auch mein Sohn ist glücklich. Er hat sich freiwillig von ein paar Spielsachen getrennt und kann ebenfalls ein nettes Sümmchen in sein Sparschwein stecken. Das Geld ist allerdings schon fest für den Lego-Laden reserviert. Er fragt nun stündlich nach einem verbindlichen Termin für den nächsten Köln-Besuch.

Gnade!

„Von nix kütt nix."

(Paragraph aus dem kölschen Grundgesetz)

Money, Money, Money

Aus gegebenem Anlass hat unser freundlicher Bankberater für mich einen Dauerauftrag eingerichtet, der am Ende des Monats den (wenn vorhanden) restlichen Guthabenbetrag meines Kontos auf mein Sparbuch rüberschiebt. Dadurch werde ich einen guten Überblick über meine durch die Konsumdiät gesparten Beträge haben.

Beim Aufräumen meines Schreibtisches ist mir dann eine CD-Rom in die Hände gefallen. ‚Private Finanzen' will mir beim Sparen helfen. Ich kann mich gar nicht daran erinnern, die gekauft zu haben. In Excel bin ich ziemlich fit, aber auch neugierig genug, dieses Angebot mal auszuprobieren. Ich werde berichten.

„Reinfall" beschreibt es am besten: Auf der CD befinden sich zahlreiche putzig gestaltete Vorlagen für zum Beispiel Einkaufszettel und Heizölverbrauch. Wir heizen mit Gas und aus der jährlichen Abrechnung geht recht eindeutig hervor, wie hoch unser Verbrauch ist. Warum sollte man das in eine Tabelle eintragen? Wenn ich mir all die bunten Einkaufszettel ausdrucke, erhöht sich lediglich mein Bedarf an Druckerpatronen. Der vorhandene Währungsrechner ist für Fernreisende interessant, die mit Laptop im Anschlag über den Bazar schlendern möchten, und die zahlreichen Vorlagen für Vereinsverwaltung unterscheiden sich nur in den zur jeweiligen Sportart passenden, lustigen Clip-Arts. Fazit: Tonne! Aber schnell! Wieder ein Teil weniger im Haus.

Sicherlich finde ich im Laufe der Zeit noch viele dieser ‚Muss-ich-unbedingt-haben'-Sachen, die dann in den Tiefen der Schubladen und Schränke verschwunden sind, dort immer weiter nach hinten rutschen und irgendwann vergessen werden. In den einschlägigen Ratgebern wird immer davor gewarnt, das Eigentum anderer Familienmitglieder auszusortieren. Hier werde ich mich bremsen müssen, denn das Projekt Konsumdiät ist alleine meins. Auch wenn ich mich von den Dingen anderer Leute in jedem Fall leichter trennen könnte, als von meinen eigenen.

Als ich weiter meinen privaten Schreibtisch durchstöbere, fällt mir mein Faible für Zeitmanagementsysteme auf. Die Kalender der letzen Jahre, in denen in der Regel nach dem ersten Quartal keine Eintragungen mehr vorgenommen wurden, schmeiße ich sofort weg. Vor zwei Jahren habe ich mir von meinen Eltern zum Geburtstag ein Original-Filofax zum Geburtstag gewünscht und auch bekommen. Nun trage ich gewissenhaft jeden Termin ein und kann seitdem ohne meinen türkisfarbenen Timer aus edlem, glattem Leder nicht mehr effizient existieren.

Was mir Sorgen macht, sind die unzähligen Kugelschreiber mit Werbeaufdruck, die überall herumliegen. Habe ich jemals eine der Minen leergeschrieben? Tabula rasa – ich behalte nur die, die mir optisch gefallen. Der dezent bedruckte Kuli eines Bestatters aus dem Stadtgebiet schreibt mit Abstand am besten. In den Schubfächern finde ich einige Kästchen und Kartönchen mit edlen Schreibgeräten, die – weil zu schade – leider nie benutzt werden. Das muss sich ändern. Die Werbekulis nehme ich mit zur Arbeit und die hochwertigen Tintenroller, Füller und Kugelschreiber verteile ich farblich abgestimmt in meine diversen Handtaschen.

Eine kurzfristig und spontan durchgeführte, intensive Jackentaschen-Entrümpel-Aktion fördert insgesamt fünfzehn Euromünzen, drei Einkaufswagenchips und circa einen Kubikmeter benutzte Papiertaschentücher zutage. Ich lade meinen Sohn ins Eiscafé ein.

„Mama, es hat geklingelt."

„Sei still David, wir sind nicht da!"

Essen auf Rädern

Der nette Herr vom Tiefkühlkostlieferservice hat sich für heute angekündigt und ich bin nervös. Wie soll ich ihm nur beibringen, dass er mich zukünftig als Kundin verlieren wird? Ob er das verkraftet? Seit langem bin ich zufriedene Käuferin und finde die Produkte in meiner Eigenschaft als mehrfach Berufstätige sehr hilfreich – sie sparen mir kostbare Zeit. Außerdem sind sie bis auf wenige Ausnahmen lecker, was allerdings Geschmackssache ist.

Trotzdem lässt sich nicht abstreiten, dass die Preise für die diversen Gerichte sowie den dazugehörigen Service es in sich haben. Vergleichbare Artikel gibt es beim Discounter wesentlich günstiger.

Im Zuge meiner Einsparüberlegungen habe ich beschlossen, dass der Tiefkühlkostlieferservice zumindest für das kommende Jahr entbehrlich (weil unnötig) ist. Davon muss jetzt nur noch der Fahrer überzeugt werden.

Ein Großeinkauf zum Abschied würde ihn sicher freuen, ist aber aus Kostengründen abzulehnen. Mir fällt ein Defekt sämtlicher vorhandener Tiefkühleinrichtungen als Ausrede ein oder eine plötzlich aufgetretene, generelle Lebensmittelallergie. Das wäre glaubhaft, oder?

Ach, der Mann ist zu nett, um ihn zu belügen. So gut, dass ich ihm von meinem Buchprojekt erzählen möchte, kennen wir uns jedoch nicht. Zwickmühle nennt man das wohl.

Als er klingelt, wähle ich ein würziges Kartoffelprodukt, eine Packung mediterranes Gemüse und ein Fleischgericht. Dann lässt sich mein schlechtes Gewissen zu einer Flasche Wein überreden. Mir kommt kurz die Idee, sie mit ihm in kleiner Runde zu köpfen um mich dann für immer von ihm zu verabschieden.

Doch ich bringe es an dem Tag nicht übers Herz, den Auslieferungsfahrer über meine geplante Konsumdiät zu informieren und rufe einige Tage später in der Zentrale an, um den Service telefonisch abzubestellen.

Ich habe ein schlechtes Gewissen dabei.

„All-überall auf den Tannenspitzen sah ich goldene Lichtlein blitzen."

Der Notfallkoffer

Heiligabend. Wir haben soeben im trauten Familienkreis einen riesigen Rollbraten nebst Beilagen verdrückt und versammeln uns anschließend zum fröhlichen Bescheren um den festlich geschmückten Esszimmertisch. Bei uns läuft das in der Form ab, dass die Geschenke schön langsam nacheinander ausgepackt und dabei gebührend kommentiert werden.

Mein lieber Mann schießt in diesem Jahr den Vogel ab: Ich entferne vorsichtig das Geschenkpapier von einem Köfferchen mit der Aufschrift: ‚*Erste-Hilfe-Koffer – Nur im Notfall öffnen!*' Ich kenne dieses Schild gut, denn es wurde von mir selbst angefertigt … für meinen Schatz, der mir nicht sagen wollte, wofür. Jetzt weiß ich es. Aber was ist *in* dem Koffer? Wieso Notfall? Ich blicke verunsichert in die Runde und sehe feixende und erwartungsvolle Gesichter. Mein Mann erlaubt mir, den Koffer ausnahmsweise *einmal* zu öffnen.

Unter vielen Schaumstoffpolsterstückchen befinden sich zahlreiche Gutscheine für alle meine Lieblingsläden. Ich muss ziemlich dumm aus der Wäsche geguckt haben, denn um mich herum ertönt Gelächter. Wow! Ich freue mich riesig über das Geschenk und vor allem über die nette Idee von meinem Schatz. O-Ton:

„Für den Fall, dass du einmal gar nicht widerstehen kannst."

Er kennt mich schon etwas länger und weiß genau, wie schwer die kommenden zwölf Monate für mich sein werden. Wir waren uns bereits an meinem Geburtstag einig, dass es sich bei Gutscheinen um bezahlte Ware handelt, die nur noch nicht im Laden abgeholt wurde. Das ist tatsächlich so! Die Läden verbuchen das Geld für die Gutscheine so, als wäre dafür Ware verkauft worden. Wir diskutieren im Familienkreis das Wort ‚Notfall'. Wie werde ich den wohl erkennen? Meine Schwester bringt es mit „heftigen Entzugserscheinungen" auf den Punkt. Schäbig, Kirsten, schäbig!

„Wegen Überfüllung geschlossen."

„Sie haben Post"

Mein Postfach ist voll! Verstopft mit netten Versprechungen:

- *10% für mich persönlich*
- *VIP-Kunden-Rabatt*
- *SALE nur noch bis morgen*
- *Designerware minus 70% für geladene Kunden*

und so weiter. Ich fühle mich geehrt.

Die Mails eines Designer-Outlet-Online-Stores treffen oft mehrmals täglich ein, obwohl ich dort nie etwas gekauft habe. Mein Kontaktlinsenlieferant offeriert mir immer dann ein Megaschnäppchen plus Geschenk, wenn ich mich gerade mit Nachschub für die nächsten Wochen eingedeckt habe. Ich bin sicher, dahinter steckt Methode. Clever!

Ein großer Online-Händler informiert mich neuerdings fast täglich über den aktuellen Rabatt der Armbanduhr, die ich vor einigen Wochen nur einmal angeklickt habe. Im Monat Dezember erreichen mich insgesamt 148 Newsletter, Sonderangebote und dergleichen. Ich habe mir tatsächlich die Mühe gemacht, sie zu zählen. Die direkt in den Spamordner ausgelagerten Angebote für Medikamente zur Potenzsteigerung und Verlängerungsmöglichkeiten einschlägiger Körperteile nicht mitgerechnet.

Freut euch, liebe Server weltweit: Ich werde mich konsequent abmelden. Ihr könnt mich mal! Auch die verführerischen Offerten der von mir bevorzugten Händler werden 2010 auf meine Kenntnisnahme verzichten müssen. Meine TAN-Liste wird vergilbt in ihrem Versteck vermodern. Meine Geld- und VISA-Karten bleiben vernachlässigt in der hintersten Ecke meines Portemonnaies verborgen. Die seit langem geplante Führung eines Haushaltsbuches erübrigt sich mangels Eintragungspotentials.

Jedoch könnte ich an der Stelle mal meine monatlichen Fixkosten unter die Lupe nehmen. Die Überprüfung unserer Versicherungen auf Notwendigkeit hat bereits vor einigen Jahren der Fachmann vorgenommen. Hier herrscht Ordnung. Abos, gebührenpflichtige Mitgliedschaften und andere Beiträge werde ich zeitnah überprüfen. Meine Kontoauszüge füllen aufgrund der vielen Buchungen einen stattlichen Ordner. Um einen ersten Überblick zu bekommen, muss zunächst ein fast mannshoher Stapel Papier sortiert und abgeheftet werden. Also schlage ich zwei Fliegen mit einer Klappe: Erledigung der Ablage und Reduzierung der monatlichen Ausgaben.

Mein Sohn ist sofort bereit, auf seine abonnierte Kinderzeitschrift zu verzichten. Sie ist inzwischen uncool. Die dadurch erzielte Ersparnis soll dann idealerweise auf sein Taschengeld umgelegt werden. Ein gewisser Stolz auf die Geschäftstüchtigkeit unseres Sprosses ist nicht zu verleugnen. An ihm kann ich mir ein Beispiel nehmen. Er schafft es, alle seine kleinen Bedürfnisse erfüllt zu bekommen, ohne dafür eigenes Geld einzusetzen. Das wird nämlich eisern gespart für schrankähnliche Legokartons mit unrealistischem Inhalt.

Ich muss mal darauf achten, wie er das immer anstellt. Zeit dafür habe ich im nächsten Jahr genug. Ob meinem Sohn bewusst ist, dass er sich an mir zukünftig die Zähne ausbeißen wird? Keine Fußballkarten, keine Heftchen, keinen Krimskrams – mein Portemonnaie bleibt zu!

Abschied

„... ist ein bisschen wie sterben ... wie alles verlieren ...“

(aus einem Schlager)

Es ist Dienstag, der 29. Dezember 2009. Frau Heinrichs schlendert durch die City und betrachtet ihre Lieblingsschaufenster. Ein letztes Mal shoppen ohne Kaufverbot.

Ich überlege, was ich noch dringend brauche, aber mir fällt beim besten Willen nichts ein. Kann das denn sein? Mit zahlreichen Gutscheinen im Rücken bin ich bestens für die nahe Zukunft gerüstet. Doch ist das überhaupt richtig oder doch nur eine faule Ausrede, um trotzdem kaufen zu können? Macht das Projekt dann überhaupt Sinn?

Wenn ich es schaffe, die Gutscheine nicht einzulösen, kann ich damit in 2011 richtig Gas geben. Sozusagen *einen auf dicke Bluse machen*, um einen bekannten Männerspruch auf meine holde Weiblichkeit anzuwenden. Stichwort: Bluse – heute nicht! Der Kleiderschrank lässt keine Wünsche offen. Jetzt bereits schwach werden? Niemals!

Ich nehme mir vor, künftig alle meine Wünsche in ein Notizbuch zu schreiben. Wenn ich nach Abschluss der Konsumdiät immer noch glaube, die Sachen unbedingt haben zu müssen, dann kaufe ich sie. Oder wünsche sie mir zum Geburtstag. Im nächsten November! Puh!

Das heutige Wetter passt perfekt zur Situation: Es regnet in Strömen. Nein, ich kaufe keinen Billigschirm! In den diversen Geschäften finde ich nämlich keinen, der mir gefällt. Nach zwei Stunden fahre ich nass und im Besitz einer neuen Handtasche – nur eine winzig kleine – wieder nach Hause.

Dort sortiere ich aus gegebenem Anlass meine zahlreich vorhandenen Taschen und Geldbörsen aus. Eine Bekannte hat sich bereit erklärt, sie für mich auf dem Flohmarkt zu verkaufen. Die kleine Provision für ihre Mühen sei ihr gegönnt. Ich muss mir nur noch die Zeit nehmen, alles zusammenzupacken und meine Preisvorstellung zu etikettieren.

Aus meinem aktuellen Portemonnaie entferne ich aus gegebenem Anlass die diversen Kundenkarten.

Weitere 3,1 Kilo Kataloge wandern in den Papiermüll und der Notfallkoffer, in dem meine Geburtstagsgutscheine ebenfalls Platz gefunden haben, bekommt einen Ehrenplatz.

„Das Urteil lautet: Ein Jahr ohne Bewährung!“

Zum Scheitern verurteilt

Es ist soweit: Das alte Jahr neigt sich definitiv dem Ende zu. In wenigen Minuten werden uns die Silvesterraketen um die Ohren fliegen und mit Getöse die bösen Geister des neuen Jahres vertreiben. Ja, los! Böller statt Brot – ausnahmsweise. Die winzigen Dämonen in meinem Kopf verjagt ihr am besten direkt mit.

Ich schenke mir ein zweites Glas Wein ein, kuschele mich in die Sofakissen und denke an die nächsten zwölf Monate. Alle guten Freunde und Verwandten, die über mein Projekt informiert sind, können sich beim besten Willen nicht vorstellen, dass ich auch nur den ersten Monat durchhalte. Entsprechende Wetten sind vermutlich bereits abgeschlossen. Doch ich bin mental bestens gerüstet.

Mein Mann spricht mir mit lachenden Augen Mut zu. Ich will dieses Buch und werde mich meiner Herausforderung an mich stellen. Ihr werdet es sehen! Der Countdown läuft.

Frohes neues Jahr!

J a n u a r

„Herr Mähler, glauben Sie, dass durch mein diesjähriges Konsumverhalten Arbeitsplätze zerstört werden?"

„Frau Heinrichs, durch Ihr letztjähriges Wahlverhalten sind Sie bereits mitverantwortlich für die Wirtschaftskrise. Das ist dann eh egal."

Durchstarten

In der Tageszeitung stand Ende Dezember etwas von etwaigen Versorgungsengpässen wegen der für den Einzelhandel ungünstig gelegenen Feiertage. Ich stelle fest, dass wir über den Jahreswechsel nicht verhungert sind – im Gegenteil.

Doch ein wenig rührt sich mein schlechtes Gewissen. Jedes Shirt, jede Hose und jedes Täschchen, das ich zukünftig nicht kaufe, bremst die Wirtschaft. Auf ein Jahr hochgerechnet halte ich durch meinen Konsum normalerweise ganze Konzerne *am Laufen*. Stehen meinetwegen bald Designer, Näherinnen und Verkäuferinnen auf der Straße? Bin ich schuld, wenn die Aktienkurse meiner Lieblingsfirmen einbrechen? Wie wird es erst werden, wenn mein Buch als Weltbestseller einen Konsumdiät-Boom auslöst? Werde ich dafür verantwortlich gemacht? Bitte beachten Sie hierzu unbedingt den üblichen Haftungsausschluss auf einer der ersten Seiten.

Okay, lassen wir das neue Jahr erst einmal beginnen. Geben wir ihm und meinem Projekt eine Chance. Wer weiß, was bis Silvester alles passiert. Vielleicht bin ich bis dahin Ehrenvorsitzende der Shopaholic-Selbsthilfe-Vereinigungen weltweit. Ich sollte mich mit Informationen noch zurückhalten, sonst müsste ich für etwaige Schweigegelder, die im Freundeskreis fällig würden, Haus und Hof verpfänden. Auswandern wäre eine realistische Option. Wer mir sagen kann, wie man günstig an eine neue Identität kommt, möge sich bitte dezent mit mir in Verbindung setzen. Nur für alle Fälle, versteht sich. Nicht, dass ich das in Erwägung zöge.

Elli schickt eine Neujahrs-SMS und kündigt darin an, dass sie den für Januar geplanten Kaufverzicht verschieben muss. *Ha!* ‚Es sei momentan ungünstig.' Wie meint sie das? Muss unbedingt mal nachfragen. Die Antwort auf meine Mail folgt auf dem Fuße:

"Liebe Britta,

ja, warum verschiebe ich meinen No-Shopping-Monat :-) Es hat alles mit einem Weihnachtsgeschenk angefangen :-) Meine Schwester hat mir einen richtig schönen Anhänger für eine Kette geschenkt, wo etwas Persönliches eingraviert ist. Dann hab ich mir gedacht, naja, ich brauche dafür eine Kette und mir ist gleich mein Gutschein von der Galeria eingefallen. Ich: super dann kann ich zwischen den Feiertagen eine Kette kaufen gehen :-)

Zwischen den Tagen war ich dann so faul, dass ich das nicht mehr geschafft habe und jetzt wollte ich natürlich keinen Monat warten, bis ich meinen neuen Anhänger tragen kann.

Dann am Samstag, als mein Freund da war, hab ich gesagt, komm wir gehen in die Stadt, aber nur damit ich mir die Kette kaufen kann ... und dann hab ich sooo viele Schnäppchen gesehen und mein Freund meinte: Hast dir aber echt einen blöden Monat rausgesucht, weil halt alles reduziert ist.

Naja, ich hab ihm natürlich Recht gegeben, damit spontan den Monat verschoben und gleich mal Neujahrsshopping gemacht :-(:-)

Du siehst: Ein Monat ist schon die größte Qual für mich und ich weiß nicht, ob ich das überhaupt so lange durchziehen kann :-)

Lieben Gruß von Elli"

Ich liebe es, wenn ein Plan funktioniert

(Hannibal Smith – A-Team)

Ich bin sehr stolz auf mich! Bisher habe ich nicht nur *nichts Unnötiges* gekauft – ich habe *gar nichts* gekauft! Es ist bereits der vierte Januar und alle meine guten Vorsätze sind noch aktuell. Schönen Gruß an alle Eingeweihten, die mein Projekt zum Scheitern verurteilt haben.

Nur die wenigsten Freunde und Bekannten wissen überhaupt von meinem Vorhaben. Natürlich ist meine Familie informiert und mein Chef. Ansonsten wollte ich das nicht an die große Glocke hängen. Ein winziges Restrisiko bleibt dann eben doch, oder? Wahrscheinlich fällt es nicht mal jemandem auf, wenn ich sparsam bis nichts kaufe. Auch nach der ersten Entrümpel-Aktion befindet sich in meinen Schränken mehr als genug Kleidung – und Accessoires um diese aufzupeppen – dass es für wochenlange Abwechslung reicht.

Ich habe beim ersten Ausmisten darauf geachtet, eine neutrale Basisgarderobe zu behalten, die mit einigen bunten Teilen, Tüchern und Schmuck immer wieder anders kombiniert werden kann. Wo man vorher vor lauter Bäumen den Wald nicht sehen konnte, herrscht jetzt eine nach Farben sortierte Ordnung … am liebsten würde ich den Schrank offen stehen lassen, so schön sieht es darin aus. Die gegenseitige Kleiderschrankaktion haben meine Schwester und ich aus Termingründen ins neue Jahr verschoben. Dann geht es noch mal richtig ans Eingemachte.

Mein erster Arbeitstag im Büro beginnt mit der Abmeldung diverser Newsletter. Das gestaltet sich viel einfacher als gedacht. Mit wenigen Klicks verabschiede ich mich von meinen treuen Gefährten. Manche schicken mir zur Bestätigung der Abmeldung der Mails paradoxerweise direkt … eine Mail. Andere bezweifeln meinen Entschluss:

„Sind Sie sicher, dass Sie künftig auf unseren informativen Newsletter verzichten möchten?“

Entschlossen klicke ich auf ‚Ja', um mich dann den wirklich wichtigen Nachrichten zu widmen.

Mein Chef wünscht mir per Mail ein fantastisches neues Jahr und gibt folgenden, unqualifizierten Kommentar zu meinem Projekt ab:

„Ihre Lieben haben ja auf jeden Fall ein tolles Jahr, wenn Sie nichts kaufen."

Wie bitte? Es klingt fast so, als stünde meine Familie durch mein Kaufverhalten in den letzten Jahren finanziell am Rande des Ruins. Dem möchte ich entschieden widersprechen! Ich gebe nur das Geld aus was ich habe (okay, oder in absehbarer Zeit bekommen werde) – und zwar nicht für hunderte von Füllern und andere Schreibgeräte, lieber Herr Mähler.

Er bezeichnet sich selbst als ‚Büroartikeljunkie' und lästert gerne über meine gut funktionierenden Werbekugelschreiber. Heute ist der sechste Januar und *er* hat bereits investiert.

„Kann man da noch etwas mit dem Preis machen?"

„Ja! Ihn bezahlen ohne dumme Fragen zu stellen."

(Grund, warum ich für den Einzelhandel momentan nicht geeignet wäre.)

Satte Rabatte

Seid ihr alle bescheuert? Tageszeitung, Fernsehen, Radio, Prospektbeilagen – alle schreien mir entgegen:

- *20% auf alles!*
- *SALE!*
- *Angebote!*
- *Superschnäppchen!*

Muss das denn jetzt sein? Direkt in den ersten Tagen die volle Breitseite? Damit nicht genug: Die ersten neuen Frühlingskataloge treffen ein. Die Einkäufer der Versandhäuser haben sich anscheinend ausgerechnet in diesem Jahr selbst übertroffen und präsentieren schöne Frauen in schönen Kleidern behangen mit schönen Accessoires. Prima! Das eine oder andere Outfit trifft absolut meinen Geschmack.

Ein Blick in meinen Schrank beruhigt mich etwas – alles ist in ausreichender Menge vorhanden. Ich werde nicht in Sack und Asche gehen müssen. Der Sommer – ob heiß oder kalt, nass oder trocken – kann kommen. Die bis zu unverschämten 50% reduzierten Waren gönne ich dann mal großzügig den anderen Schnäppchenjägerinnen … oder doch nicht?

„Schau mal, David. Wie gefallen dir die hier?“

„Mama, seit wann trage ich denn Pumps?“

Bigfoot

Eine höhere Macht hat ein Einsehen mit mir und lässt die Füße meines Sohnes wachsen. Das letzte Paar Schuhe haben wir in weiser Voraussicht eine Nummer größer gekauft. Doch seine Hallenturnschuhe sind definitiv zu klein. Vorbei die Zeit, in denen David meine Fehlkauf-einmal-getragen-Marken-Sneakers auftragen konnte. In einem „Bis zu 70 Prozent auf Saisonware“-Prospekt befindet sich genau das von ihm bevorzugte Modell in coolem Weiß. Die tatsächlichen 30% Rabatt sind okay, also Sohn geschnappt und ab ins Städtchen. Wir kaufen die (notwendigen!) Schuhe und wenigstens einer von uns ist glücklich. Ein Akt des Kaufens hat zwar stattgefunden, aber irgendwie fehlt da gefühlsmäßig etwas.

Ein anderer Schuhladen verschenkt beim Kauf von zwei Paar reduzierten Schuhen glatt das dritte Paar. Schön. Macht doch.

Beim Kauf von Schnürsenkeln – nötige Anschaffung, da gerissen – huscht mein Blick gekonnt über die Regale. Drei schöne Paare hätte ich locker gefunden. Erfahrungsgemäß verkündet man dann zuhause, sich *zwei* Schuhschnäppchen gekauft zu haben. Das Dritte kann man getrost unterschlagen, weil es prinzipiell gar nicht existiert. Aufgrund meiner privaten Statistik stellt sich ungefähr jedes dritte Paar sowieso als dauerunbequem heraus und verschwindet aus diesem Grund fast ungetragen in der Versenkung. Heute verkneife ich mir die Schuhorgie und bin sicher, dass es eine schwierige Zeit werden wird. Das ist einer der Momente, in dem ein Nicht-mehr-Raucher gerne eine Zigarette hätte.

„Britta, huhu, sag doch mal was."

„Lösch! Das! Sofort! – oder wir sind geschiedene Leute!"

Ein Geschenk, ein Geschenk

Mein Schatz bereitet sich gut gelaunt auf sein neues Lebensjahr vor. Für mich bedeutet das wieder ‚Zwickmühle'. Ich hatte ja grundsätzlich beschlossen, dass der Kauf von Geschenken nicht unnötig ist. Mein Mann ist allein durch die Tatsache, dass wir die gleichen Ringe tragen, in mein Projekt involviert und könnte verzichten. Aber kann ich ihm das antun? Er ist immer großzügig und toleriert sogar meine unsinnigsten Anschaffungen. Außerdem kenne ich seinen Herzenswunsch.

Nach Rücksprache mit der engeren Verwandtschaft starte ich eine Sammlung und begebe mich in den Technomarkt meines Vertrauens. Dort wechselt eine Handycam den Besitzer und sogar unser geiziger Spross opfert einen kleinen Teil seiner Barschaft. Er hat als nächster in der Familie Geburtstag. Sein Geschenk haben wir schon besorgt. Trotz Konsumdiät beginnt das Jahr für mich recht kostspielig. Doch die ersten Abos und Mitgliedschaften sind bereits gekündigt. Es geht voran mit meinen Sparplänen.

Im Internet entdecke ich auf vielen Seiten Gewinnspiele und überlege, ob ich statt zu kaufen vielleicht etwas gewinnen kann. Ich beantworte Fragen, die höchstwahrscheinlich auch jemand mit einem IQ im Minusbereich bewältigen würde. Den Hauptgewinn habe ich so gut wie in der Tasche, als ich nach meinen kompletten Kontaktdaten gefragt werde. Da ist doch was im Busch. Ein neuer Newsletter vielleicht? Bei meiner Suche entdecke ich gut versteckt im Kleingedruckten, dass ich mit Abgabe meiner Daten einem Abonnement zustimme, welches mich pro Jahr 96 Euro kostet. Dafür nehme ich dann an unzähligen Preisausschreiben mit Gewinngarantie teil, ohne mich selbst um die Lösung von kniffeligen Rätseln kümmern zu müssen. Ein Klick schließt die Seite und spart mir Geld und sicher auch Ärger.

Noch ein Geburtstag

Ein weiterer ‚Geburtstag' wird in der Presse erwähnt. Hartz IV jährt sich zum fünften Mal. In allen Programmen wird dazu mit vielen Reportagen Stellung bezogen. In unserer Tageszeitung beschreibt eine Frau, wie sie einen Monat mit dem Hartz IV-Satz für ihre Familie kocht, um das mal auszuprobieren. Ich sehe meine Konsumdiät zwiespältig. Ist es nicht unverschämt, über ein solches Projekt zu dozieren? Andere müssen mit viel weniger auskommen, als mir momentan nach Abzug aller Fixkosten für vermeintlich notwendige Dinge zur Verfügung steht.

Ich lasse mein Gedankenkarussell laufen: Da findet die Frau Heinrichs es spannend, mal eine kleine Konsumdiät zu starten – und unzähligen anderen bleibt gar keine andere Wahl. Mein Mann holt mich wieder auf den Teppich. Ich kann mich nicht für jeden Menschen dieses Landes verantwortlich fühlen. Es ist ein interessanter Selbstversuch – mehr nicht.

An dieser Stelle ein paar Informationen zu meiner finanziellen Situation: Ich bin in Teilzeit berufstätig und beziehe seit mehreren Jahren ein gleichbleibendes Gehalt ohne Urlaubs- und Weihnachtsgeld. Zusätzlich habe ich einen halben Minijob und erhalte Kindergeld. Ich arbeite ausdrücklich gerne und bin froh, diese Jobs zu haben, die mir viel Spaß machen. Mein Mann verdient mit seiner eigenen Firma relativ gut, zahlt dafür jedoch den Preis der ständigen Unsicherheit.

Viele sind in einer weit weniger glücklichen Situation als wir, das ist mir klar. Doch ich arbeite für mein Geld und bin der Meinung, mich für mein Kaufverhalten – ob zu viel oder zu wenig – nicht rechtfertigen zu müssen, obwohl ich dies offensichtlich gerade tue. Für mich persönlich ist es wichtig, keinen Sponsor zu benötigen, der mich aushält.

Ich kann weder die wirtschaftliche Situation unseres Landes beeinflussen noch Arbeitsplätze schaffen. Ich spende für gemeinnützige Organisationen, engagiere mich ehrenamtlich und stehe mit beiden Beinen auf dem Boden.

Wie bereits erwähnt, ist meine Konsumdiät lediglich ein Selbstversuch, um mir darüber klar zu werden, was ich brauche und was nicht.

„Ob groß, ob klein, ob alt, ob jung – Prinz Peter I. bringt ganz Holzhausen in Schwung“

(Motto des Lützenkirchener Prinzen)

„Kamelle“

Ein weiteres Problem schmeißt sich mir sozusagen in den Zugweg. Wir sind aktiv im Lützenkirchener Karneval und das bedeutet, dass wir uns dringend um Wurfmaterial kümmern müssen. Auch Kostüme kosten Geld.

Ich könnte mal ein Jahr aussetzen und mir den Karnevalszug vom Straßenrand aus anschauen, aber aufgrund meines festen Platzes im Umzug ist das leider unmöglich.

Bützchen (Küsschen) statt Kamellen (Bonbons) wäre eine Idee, doch davon möchte ich trotz durchgeführter Schweinegrippeimpfung lieber Abstand nehmen. Es geht bei uns in Lützenkirchen in erster Linie um die Kinder – und die bevorzugen halt Zucker in jeder möglichen Form und Schokolade.

Diese Anschaffung wäre im Prinzip nicht für mich selbst, fiele also im weitesten Sinne in die Rubrik ‚Geschenke'. Trotzdem sind Schnäppchen gefragt. Da muss ich mal einen Streifzug durch die Billigläden machen und nach günstigen Süßwaren Ausschau halten.

Oh, das ist natürlich höhere Gewalt. Um Shopping handelt es sich jedenfalls nicht!

„Schatz, das neue Einkaufszentrum wird bald eröffnet."

„Na und?"

Da war doch noch was …

Oh nein, das hatte ich völlig vergessen: Bald öffnet das neue Einkaufszentrum in der City feierlich seine Pforten und die Frau Heinrichs kauft nichts! Wie konnte mir das nur passieren? Klare Anzeichen von Verdrängung.

Als damals die Abbrucharbeiten der alten Gebäude begannen, habe ich mit meinem Sohn oft zugeschaut und beschlossen, die Eröffnung richtig zu zelebrieren. Angefangen mit einem gemütlichen Frühstück wollten wir jeden einzelnen Laden unsicher machen und einen ganzen Tag mit Shoppen verbringen. Daraus wird wohl nichts. Vorfreude adé. Mein Sohn schlägt gönnerhaft vor:

„Mama, komm, einen Tag darfst du mal eine Ausnahme machen."

Aus seinem Blick strahlt die Hoffnung, dass auch für ihn eine Kleinigkeit abfällt. Das klingt verlockend, weckt in mir aber eher ein schlechtes Gefühl. Ausnahmen bestätigen die Regel, wie man so schön sagt, doch ein Funken Stolz verbietet mir diese Extratour. Nein! Ich bleibe standhaft, werde diese Galerie huldvoll durchschreiten und ohne eine einzige Tragetasche in der Hand wieder verlassen.

Die Eröffnungsgeschenke ausgenommen.

Mein Sohn lacht laut, als er das hört. Meine Schwester erklärt sich spontan bereit, uns zu begleiten, um sich das Spektakel auf keinen Fall entgehen zu lassen.

Im Stellenmarkt unserer Tageszeitung kann man schon herausfinden, welche Läden sich im neuen Center ansiedeln werden, da bereits eifrig Personal gesucht wird. Es sind ein paar interessante Geschäfte dabei, die wohl kaum innerhalb der ersten Monate schon schlapp machen. 2011 ist schließlich auch noch ein Jahr. Wir sehen uns dann eben später wieder. Viel später.

Meine Noch-Schwester (gibt es diesbezüglich eigentlich juristische Trennungsverfahren?) hat einen Vorschlag:

Ich habe ihr vor langer Zeit mal einen *‚Gutschein fürs Tüten tragen beim Bummeln‘* geschenkt. In einem Wahn von Selbstlosigkeit hatten wir damals beschlossen, uns zu Weihnachten nur kostenfreie Geschenke zu machen. Den Gutschein möchte sic im nächsten Jahr endlich einlösen.

„Dann hast du wenigstens *fast* das Gefühl geshoppt zu haben, wenn du ein paar Tüten tragen kannst.“

Danke schön!

Rosen für die Seele

Draußen ist es bitter kalt. Die Straßen sind voller Schneematsch. Es ist dunkel und ungemütlich. Ich möchte gerne ein Rezept ausprobieren und springe schnell zum Supermarkt.

Hier in Lützenkirchen kennt jeder jeden und ich quatsche ein bisschen mit der netten Mitarbeiterin, die gerade die Obsttheke auffüllt. Auf ihrem Wagen liegt ein einzelner kleiner Rosenstrauß mit einem neonorangen Preisetikett: reduziert auf 99 Cent – ein Schnäppchen. Ich zeige Interesse, sie reicht mir das Sträußchen, ich ziehe weiter und sammle die benötigten Lebensmittel ein. Kurz vor Erreichen der Kassenzone fange ich an zu überlegen: Sind Blumen notwendig? Ich kann die doch jetzt nicht zurückbringen. 99 Cent. Bei der Depri-Wetterlage ist ein solches Sträußchen geradezu medizinisch indiziert. Wenn das heute niemand kauft, dann wird es bestimmt weggeworfen.

Ich lege die Blumen mit den anderen Waren auf das Band und stelle sie später zuhause in die wie dafür geschaffene Vase. Auf unserer (neuerdings aufgeräumten) Küchentheke sehen sie sehr schön aus. Den skeptischen Seitenblick meines Mannes deute ich falsch:

„Schatz, die habe ich mir selbst gekauft – es hat mir niemand rote Rosen geschenkt."

Er lacht spöttisch. Ach so, daher weht der Wind:

„Du findest Blumen unnötig, oder?"

Mein Mann nickt zustimmend:

„Eigentlich schon."

Unser Sohn, der sich mal wieder ungefragt zu Wort meldet, ist der gleichen Ansicht:

„Die halten bei dir sowieso nicht lange."

Später – nach einem sehr leckeren Abendessen – relativiert mein Mann seine Meinung, indem er feststellt, dass man ab und zu etwas für die Seele braucht. Er hat Recht! Absolut! Bei dem Winter-Ussel-Wetter, nach Schneeschippen und mit Rückenschmerzen.

Wenn hier irgendjemand etwas für die Seele braucht, dann ich! Außerdem sind Rosen besser als Schokolade!

Zukünftig werde ich jedoch auf selbstgekaufte Blumen verzichten. Erfreulicherweise habe ich ein Exemplar der Gattung Mann erobert, das mir ab und zu welche mitbringt. Das sind dann immer große, bunte und fröhliche Sträuße.

Für die Seele halt.

"Hallo,

zu deinem Thema Konsum kann ich dir auch etwas schreiben. Wir wohnen mit drei Personen in einem ziemlich großen Haus. Über die Jahre haben wir nicht gemerkt, wie wir den Bunker immer voller und voller geballert haben.

Letztens ist uns erst bewusst geworden, dass wir den ganzen Schrott überhaupt nicht brauchen. Seitdem waren wir schon ein paar Mal auf dem Trödelmarkt und wir setzen viel ins Ebay.

Ich achte beim Einkaufen extrem darauf, nur Lebensmittel zu kaufen. Wir haben uns sogar abgewöhnt, uns etwas zum Geburtstag zu schenken.

Ich hoffe das machen uns nicht so viele Menschen nach, weil ich einen Blumenladen habe, wie du weißt, und da sollen die Leute gut einkaufen.

Liebe Grüße von Anke"

Volldampf voraus

Während wir unsere Frühstücksbrote verzehren, unterhalten mein Chef und ich uns über die ideale Zubereitung von frischen, saisonalen Lebensmitteln. Leider habe ich im letzten Jahr die Anschaffung eines Schnellkochtopfs verpasst. Mist! Leckere Eintöpfe aus preiswerten Zutaten, die innerhalb kürzester Zeit zubereitet wären, muss ich wohl vertagen, oder in meinem Fall besser ver*jahren*. Herr Mähler weiß Rat:

„Ich glaube, bei mir im Keller steht noch so ein Ding herum. Wenn ich das finde, können sie es haben."

Eine Woche später überreicht er mir einen im wahrsten Sinne *pott*-hässlichen Schnellkochtopf in dezenten Brauntönen – voll funktionsfähig. Ersparnis für mich: über hundert Euro! Danke vielmals!

Bereits am gleichen Tag entsteht ein herzhaft-scharfes Lamm-Weißkohl-Kartoffelgulasch. Gerne hätte ich dem edlen Topfspender eine Portion mitgenommen, doch es blieb nicht ein einziges Häppchen übrig.

Februar

Aller Anfang ist schwer

Den ersten Monat habe ich gut hinter mich gebracht. Meine Stimmung ist sehr entspannt und unser Familienleben hat bisher nicht gelitten.

Unsere Wohnung sieht bereits viel aufgeräumter aus, dank des von mir in einem Kalender aufgestellten, turnusmäßigen Putz- und Haushaltsplans, den ich – toi, toi, toi – konsequent umsetze.

An dieser Stelle eine Bitte an alle Firmen, die mit uns zusammenarbeiten:

„Bitte verteilt wieder diese nützlichen Wochenumlegekalender, ohne die ich meinen beruflichen wie privaten Alltag nicht effizient organisieren kann. Es ist mir peinlich, wenn ich hinter euch her telefonieren muss, um einen zu bekommen. Wein und Lachs kaufe ich mir selbst. Zollstöcke haben wir noch vom letzten Jahr. Ich brauche Ka-len-der!“

Nebenher befolge ich die *Anweisungen* eines Abreißkalenders mit wertvollen Tipps zum Entrümpeln und Aufräumen für jeden Tag des Jahres und schaffe langsam eine Grundordnung in unseren vier Wänden.

Inzwischen musste ich weitere 8,9 Kilo Kataloge entsorgen.

Gekauft habe ich bisher nichts Unnötiges – abgesehen vom Wurfmaterial für Karneval, was mir tatsächlich ein schlechtes Gefühl bereitet. Okay, es ist für andere und ich habe echt geknausert, aber vom Grundsatz her ist es im Sinne meines Projektes falsch.

Ich habe auch kein Problem damit, spontan in meinem Einkaufswagen gelandete ‚Unnötigkeiten' wieder ins Regal zurück zu stellen. Ein bisschen peinlich ist es schon, aber an die schiefen Blicke der anderen Kunden gewöhnt man sich sicher mit der Zeit.

Was glotzt die denn so blöd?

„Uschi, ich bin vom Weltlichen ab – ich shoppe nicht mehr."

„Britta, für mich ist Einkaufen der blanke Horror."

Es geht auch anders

Meine Bekannte ist heilfroh, wenn sie um die City einen großen Bogen machen kann. Sie kauft nur gezielt und kann dem Bummeln durch die Einkaufsstraßen überhaupt nichts abgewinnen. Von ihrer Tochter ist sie nur mit dem Versprechen ins Städtchen zu locken, dass der Aufenthalt sich auf maximal eine Stunde beschränkt, inklusive Eiscafé.

Für eine Frau – zumindest was meinen großen Bekanntenkreis angeht – sicher unüblich. Mein Vorschlag: Uschi könnte ein ‚Konsumrausch'-Projekt durchführen und praktisch umgekehrt zu mir auf das Nicht-Shoppen verzichten. Von dieser Idee ist sie offensichtlich nicht begeistert.

Naja, *meine* Begeisterung hält sich zurzeit auch in Grenzen, aber es fällt mir noch nicht sonderlich schwer.

„Na, Frau Heinrichs, heute schon geshoppt?“

„Herr Mähler, diese Frage interpretiere ich als Mobbing am Arbeitsplatz.“

Konsumkrise

Heute steht es im Wirtschaftsteil unserer Tageszeitung: Der private Konsum stagniert. Die Gesellschaft für Konsumforschung erwartet für das laufende Jahr sogar einen Rückgang des privaten Verbrauchs.

Natürlich hat mein Projekt keine Auswirkungen auf die deutsche Wirtschaft, aber aufgrund der allgemeinen Unsicherheit – vor allem im Hinblick auf die berufliche Zukunft – halten sich immer mehr Menschen beim Konsum zurück. Verständlich.

Auch für mich ist es sehr wichtig, regelmäßig zu sparen, um ein finanzielles Pölsterchen zu haben. Für alle Fälle.

Mein Mann lacht mich immer aus, wenn ich mich über meine Sparbücher freue, aber ein angemessener Geldbetrag in der Hinterhand gibt mir ein Gefühl von Sicherheit. Falls beispielsweise ein größeres Gerät im Haushaltkaputt geht (im schlimmsten Fall die Heizung), möchte ich finanziell nicht ganz so hart aufschlagen. Schließlich kann niemand in die Zukunft schauen …

Ich bin von meinen Eltern sozusagen zum ‚Weltspartagskind‘ erzogen worden. Jedes Jahr zum Stichtag bei der Einzahlung der gesammelten Münzen und Scheine kam eine neue Spardose dazu, die gefüllt werden wollte. Das ist vernünftig und auch unser Sohn hat ein Sparkassenbuch nebst gut gefülltem Sparschwein. Das war uns als Eltern besonders wichtig.

Trotz meiner Leidenschaft fürs Shoppen kann ich tatsächlich gut mit Geld umgehen.

„Wie schön es auch sei … dann ist alles vorbei.“

Aschermittwoch

Am Aschermittwoch ist alles vorbei! Heute endet die Karnevalssession mit einem leckeren Fischessen in der Taverna Jorgos.

Es hat wieder einmal riesigen Spaß gemacht, die vielen Süßigkeiten unter das Narrenvolk zu bringen und unter dem Strich waren die Kosten niedriger als gedacht.

Doch mit dem Ende des Karnevals beginnt heute eine neue, sieben Wochen dauernde Diät-Periode für mich: In einem Anfall von Leichtsinn habe ich zusammen mit meinem Sohn beschlossen, die Fastenzeit zu nutzen. Wir wollen auf eine gesunde und ausgewogene Ernährung achten und bis Ostern auf hochkalorische – vor allem fettige – Dinge verzichten. Süßigkeiten gibt es bis auf weiteres nur in homöopathischen Dosen. Jetzt habe ich den Salat. Im wahrsten Sinne des Wortes und mit leichtem Dressing.

Nix kaufen dürfen und nun zählt mir mein Sohn noch die Bissen ab. Keine Ahnung wieso, aber momentan will ich es wohl wirklich wissen. Während David gut versorgt auf einem Kindergeburtstag weilt und unser wertes Familienoberhaupt vor meinen Augen ein 200-Gramm-Marzipanbrot vertilgt, gieße ich mir ein Glas Cola light ein und faste still vor mich hin.

Lieber Besuch

Am Wochenende kommt eine liebe Freundin zu Besuch. Wir haben uns seit Jahren nicht gesehen und ich freue mich wahnsinnig auf sie. Endlich trifft der Zug aus Niedersachen in Leverkusen ein; nach ausgiebigem Drücken und Knuddeln fangen meine Freundin und ich an zu quatschen und wir hören für drei Tage nur auf, um zwischendurch mal ein paar Stunden zu schlafen.

Natürlich kommen wir auf das Thema Konsum zu sprechen und das eher zwangsläufig. Sie hat sich von ihrem Mann getrennt und ist deshalb in der prekären Lage, ihre Finanzen völlig neu organisieren zu müssen. Einen Job hat sie schnell gefunden, was meiner Meinung nach an ihrem unerschütterlichen Optimismus liegt, den sie trotz der schwierigen Situation ausstrahlt. Sie hat leider ihr Schminkzeug zuhause vergessen und findet für kleinstes Geld bei Rossmann genau das, was sie braucht. Von der Qualität der Produkte ist auch sie angenehm überrascht.

Als wir samstags durch die City bummeln, haben wir uns viel zu erzählen und verbringen einen wunderbaren Nachmittag mit Bummeln ohne Kaufen. (Kaffee und Kuchen zwischendurch dienen der unbedingt notwendigen Nahrungsaufnahme!)

Heike findet die Idee mit der Konsumdiät toll. Sie kauft nicht viele Klamotten oder Accessoires, legt aber bei den Lebensmitteln besonderen Wert auf hochwertige Markenprodukte. Davon wird sie zukünftig Abstand nehmen (müssen). Bei der anfangs erwähnten Nussnougatcreme sind wir absolut einer Meinung: Dazu gibt es auf dem Markt keine annehmbaren Alternativen.

„Bücher sind gedruckte Freunde.“

(Werbeslogan auf einem LKW)

KÖB

Dass ich darauf nicht vorher gekommen bin … Heute fand mein erstes Treffen mit den Frauen der Katholischen Öffentlichen Bücherei in Lützenkirchen statt. Ich wurde vor einiger Zeit angesprochen und um ehrenamtliche Mithilfe gebeten.

Da Bücher meine Leidenschaft sind und der zeitliche Aufwand sich in Grenzen hält, kann ich das locker in meine sonstigen Aktivitäten integrieren. Schließlich habe ich aufgrund der Konsumdiät definitiv mehr Zeit.

Man hat mich freundlich aufgenommen. Erste Amtshandlung war die Erstellung meines eigenen Leserausweises. So kann ich auf den Kauf von Büchern verzichten ohne auf die Bücher selbst verzichten zu müssen. Die Auswahl ist riesig und für meinen Sohn gibt es dort reichlich Hörspiele.

Meine spontanen Stadtbummel-Mitbringsel in Form von ‚Drei-???-CDs‘ sind zu seinem Bedauern bis auf weiteres ersatzlos gestrichen. Das Beste an der Sache mit der Leihbücherei: Sie ist kostenlos! Nicht mal eine Mitgliedsgebühr wird erhoben.

Da ich zukünftig meine Zeit und Arbeit zur Verfügung stellen möchte, freue ich mich über diese nette Gegenleistung in Form von gedrucktem Wort für mich und gesprochenem Wort für meinen Sohn. Normalerweise vergeht bei mir kein Monat ohne einen Besuch in der Buchhandlung nebst entsprechendem Einkauf. Das Wort ‚Remittenden‘ lässt mein Herz höher schlagen. Unsere Billy-Regale haben ganz schön was auszuhalten. Auf meiner Wunschliste für die Zeit nach der Konsumdiät befinden sich bisher ausschließlich Bücher. Ich bin sozusagen ein unheilbarer ‚Bookaholic‘ und werde mich nun mindestens ein Jahr lang gründlich in der KÖB umschauen.

„Junge Frau, wenn Sie die Zeitschrift lesen wollen, dann müssen Sie sie kaufen."

(Unkooperative Kioskmitarbeiterin)

Lesezirkel

Langsam spricht sich mein Projekt herum. Obwohl fast niemand aus meinem Umkreis es sich zutraut, so etwas selbst durchzuhalten, bekomme ich viel Zuspruch, bisher ausschließlich positives Feedback und – wie wir gleich sehen werden – tatkräftige Unterstützung. Die Konsumdiät bringt nämlich einen weiteren Verzicht mit sich: Ich kaufe gerne und regelmäßig hochglänzende und großformatige Frauenzeitschriften. Man muss schließlich auf dem Laufenden bleiben, was die Trends angeht.

Da ich bis auf meine monatliche Zeitschrift „emotion" (fällt in den notwendigen Bereich Lebenshilfe und wird von mir seit der ersten Ausgabe gesammelt) und die abonnierte Fernsehzeitung keine weiteren Zeitschriften kaufen werde, überlässt meine Mutter mir nun ihre gelesenen Exemplare. Nicht ganz meine gewohnten Titel, aber immerhin etwas. Was sollte ich auch im Moment mit den Informationen über die neuesten Trends anfangen?

Zu Arztterminen werde ich künftig immer eine Stunde früher erscheinen und mir im Wartezimmer die aktuellen Modemagazine zu Gemüte führen.

Eine liebe Nachbarin hat mir kürzlich einen großen Stapel ‚Klatsch und Tratsch' geschenkt – zum Teil vom vorigen Jahr, aber deshalb nicht weniger interessant zu lesen. Steht ja irgendwie immer dasselbe drin. Meine Freundin hat mir nach ihrem Besuch ein gelesenes Hochglanzmagazin dagelassen und eine befreundete Leverkusener Autorin überließ mir Hefte ihres Text-Art-Abos.

Hierfür an alle ein Riesen-Dankeschön!

„Herr Mähler, heute muss ich pünktlich gehen."

„Ich weiß, das kündigen Sie bereits seit zwei Wochen an. Na, dann viel Spaß beim ‚Trocken-Shoppen'."

Die Rathaus-Galerie

Heute ist der 24. Februar. Der Tag, auf den ganz Leverkusen gewartet hat: Die Eröffnung des neuen Einkaufszentrums mit Namen ‚Rathaus-Galerie'. Über einhundert Geschäfte erwarten ihre zukünftige Kundschaft mit tollen Aktionen. Mein Chef verabschiedet mich – und meine Schwester, mit der ich verabredet bin, empfängt mich – mit sarkastischen Worten. Redet ihr mal!

"Liebe Britta,
ha ha ha, das wird ja geil. Ich würde da nicht ohne eine einzige Tüte rauskommen können :-) Ein paar von uns Elfen werden dort sein.
Ich hab leider Schule und kann deshalb nicht kommen.
Also dann gutes Gelingen. Ich werde an dich denken :-)

Ganz liebe Grüße
Elli"

Sogar mein Sohn ist mit von der Partie, als wir kurz nach fünfzehn Uhr mit öffentlichen Verkehrsmitteln – gemäß Empfehlung von Radio Leverkusen – unsere Besichtigungstour antreten. Er ist ja mein selbsternannter Shopping-Wächter und strotzt vor Schaden-Vorfreude. Trotz vorgerückter Stunde, schließlich haben die seit acht Uhr auf, schieben sich Menschenmassen durch die Etagen. Wir beschließen, uns systematisch durchzuarbeiten und beginnen im Erdgeschoss.

Bis zum dritten Geschäft sind wir bereits gut versorgt mit Schokolade, Kaffee und Sekt. So kann es weitergehen.

Zugegeben: Die Schuhgeschäfte sind für mich eine echte Prüfung und die Auswahl an Tüchern, Taschen und Modeschmuck ist gigantisch. Zum Anprobieren von Klamotten haben wir in dem Gewühl überhaupt keine Lust, aber ohne meine Konsumdiät wäre heute eine dreistellige Kaufsumme mehr als wahrscheinlich gewesen.

Nach zwei Stunden Nur-Bummeln treffen wir uns mit meinem Mann, der sich zur Feier des Tages ein neues Hemd gönnt. So hat wenigstens einer was davon. Ich werde den Gedanken nicht los, dass er mich scheitern sehen will. Schön! Kauft alle ein! Was heute und hier an Waren raus geschleppt wird, ist immens. An den meisten Kassen sind lange Schlangen. Leute, ihr braucht die Sachen doch gar nicht!

In einem namhaften Bekleidungsgeschäft gleiche ich gerade im Geiste die angebotenen Frühlings-Modetrends mit dem Inhalt meines Kleiderschrankes ab, als meine Schwester mir zuraunt:

„Wenn ich mich mal umschaue, dann habe ich vieles in der Art schon im Schrank.“

Womit wir uns mal wieder einig wären. Mein Sohn hat bisher nicht einmal gefragt, ob er etwas haben könnte – er ist vermutlich von dem Branchenmix wie erschlagen und kaut Werbe-Fruchtgummi-Handys. Vielleicht liegt es auch an der Klimaanlage, die offensichtlich ein Eigenleben führt und uns von arktisch bis savannisch alle Temperaturen im Shuffle-Modus präsentiert. Wir nehmen dankend ein weiteres *Schokolädchen* und wechseln die Etage. Durchhalten ist angesagt. Die paar Läden schaffen wir auch noch.

Das plötzlich auftretende, nervöse Zucken meines rechten Augenlids lässt schnell wieder nach. Alles im grünen Bereich – keine Gefahr im Verzug – oder besser *Ent*zug? Auf der oberen Ebene hält man sich mit kleinen Aufmerksamkeiten für die Kunden vornehm zurück. Wir fahren mit der Rolltreppe wieder hinunter. Johann kauft ein leckeres Wurstpaket und ich ein Brot (nötige Ausgabe zur Vermeidung von Hunger nachher zu Hause). Zwischendurch holen meine Männer sich ein paar Vitamine in Form von frisch gepressten Säften. Kirsten und ich ergattern einen Sitzplatz auf einer der wenigen Bänke für eine kurze Pause. Meine Füße tun weh, ich sehne mich nach meiner Couch und auch Kirsten schwächelt.

Wie haben sich die Zeiten doch geändert seit unseren langen Donnerstagen vor zwanzig Jahren. Die Kondition hat enorm nachgelassen. Der lange Donnerstag wird hier in der Rathaus-Galerie erfreulicherweise wieder aufleben und wir werden da sein – alles eine Sache des Trainings.

Fazit: Im Großen und Ganzen war es eine riesige Herausforderung für mich, der ich tapfer standgehalten habe. Zumindest für heute. Besonders herzlichen Dank für folgende Eröffnungsgeschenke und Aktionen:

- Einladung zu insgesamt 8 Gläsern Sekt – davon zwei dankend angenommen
- 2 Becher Kaffee
- 7 Stück Süßigkeiten zum Mitnehmen
- 1 Softgetränk
- 4 mal Delikatessen zum Probieren
- 1 Smoothie, der nach Mango schmeckte – eine willkommene Abkühlung
- 1 Gutschein über 100 Gramm Frischwurstaufschnitt
- 8 Songs zum Downloaden
- 1 Rose
- Rabattgutscheine über insgesamt 37 Euro – leider 2011 nicht mehr gültig
- Diverse Geschenke wie zum Beispiel Handwärmer, Kugelschreiber, Schlüsselanhänger, Glückwunschkarten, Lesezeichen

… und tatatataaa:

- Hauptgewinn bei einer Verlosung in einem Juweliergeschäft: ein silberner Ring mit Stein (das glückliche Händchen hatte mein Sohn)

Übrigens war ich zwei Tage später wieder in der Rathaus-Galerie. Ohne Quatsch. Meine Druckerpatrone war leer. Doch, ehrlich! Es war nur ein kleiner Abstecher zu meinem Lieblings-Techno-Markt. Eine Runde durch die Gänge bestätigte mir, dass unser Haushalt kleinelektrotechnisch bestens aufgestellt ist. Neuanschaffungen sind nicht absehbar.

Vermissen werde ich die netten Kurzgespräche mit meinem Lieblingsmitarbeiter aus der CD-Abteilung. Er kennt jedes Lied, jeden Interpreten und weiß genau, wo die entsprechende Scheibe zu finden ist. Vor einigen Jahren habe ich ihm eine Textzeile sozusagen angedeutet vorgesungen, woraufhin er ein paar Schritte ging und mir die entsprechende CD nach einem gezielten Griff ins Regal überreichte. Bis heute bin ich ihm dankbar, dass er meinen kurzen möchtegern-sängerischen Ausflug in die Rock-Szene nicht weiter kommentiert hat.

Doch jetzt zum Geschäftlichen: Druckerpatrone! Gesucht, gefunden und gezahlt. Dann bin ich direkt wieder nach Hause gefahren.

Schweren Herzens.

März

„David, mir ist langweilig."

„Dann mach doch schon mal meine Hausaufgaben."

Zeitlupe

„Wie die Zeit vergeht. Es ist bereits März. Ist das zu glauben?", wundert sich meine Freundin. Eine Bekannte seufzt:

„März! Dreimal umgedreht und das Jahr ist vorbei."

Hallo??? Geht's noch? 2010 ist definitiv *das* Zeitlupenjahr. Merkt das denn niemand? Noch *zehn* Monate! Wo rennt denn bitteschön die Zeit? Da in der Regel alles eine Sache der Perspektive ist, versuche ich, es positiv zu sehen. Wie sagt man so schön:

‚Wenn die Kinder erst in der Schule sind, dann laufen die Jahre nur noch an einem vorbei.'

Was definitiv stimmt. Bisher jedenfalls. Jetzt kriechen die Tage und Wochen im Schneckentempo. Erfreulicherweise ist 2010 kein Schaltjahr; das wäre ja noch länger. Ich kann nur jedem empfehlen, mal für einen gewissen Zeitraum bewusst auf etwas Schönes zu verzichten. So blöde es klingen mag: Für mich ist Shoppen etwas Schönes. Mit Sicherheit kann ich behaupten, im letzten Jahr mindestens zweimal pro

Woche in der Stadt gewesen zu sein. Wenn auch in erster Linie nur zum Gucken oder Kaffeetrinken mit Freundinnen. Sogar die Post warf ich am liebsten in den Briefkasten hinter dem Kaufhof (bitte das Präteritum beachten: *warf*). Einmal die Fußgängerzone rauf und einmal wieder runter. Schön!

Dazu kommt die Zeit, in der ich durch die Online-Shops gestöbert habe. Kataloge werden jetzt nicht einmal mehr durchgeblättert sondern ungelesen entsorgt. Glauben Sie mir: Diese freie Zeit muss erst mal verplant werden. Bummeln an sich ist super – aber ohne Kaufen nur halb so schön und soviel Sport kann ich gar nicht treiben, wie ich jetzt Zeit dafür hätte. Ich merke, dass ich insgesamt viel stressfreier durch die Woche gehe, oft verbunden mit einer großen Runde durch den Wald. Ich entschleunige sozusagen mein mir angewöhntes Tempo.

Die Wohnung ist aufgeräumt und viele unerledigte Dinge, die ich seit geraumer Zeit vor mir herschiebe, habe ich inzwischen in Angriff genommen. Meine bisherige Vorratshaltung sorgt dafür, dass es vor allem in Bezug auf Drogerieartikel und Putzmittel noch Wochen oder Monate dauern wird, bis alles aufgebraucht ist.

Erster Gedanke: Ist doch prima!

Zweiter Gedanke: Nicht mal das ist mir vergönnt.

„Kirsten, ist der Kauf einer lila Handtasche eine notwendige Anschaffung?“

„Ich denke nein.“

Nicht der letzte Versuch

Unser Lieblingskaffeeröster verkauft sie: Die lila Tasche in einer Ausführung, wie ich sie schon immer haben wollte. Vielleicht nicht immer, jedoch spätestens seit Lila sich vom letzten Versuch zur unverzichtbaren Modefarbe gemausert hat. Und zu meiner Lieblingsfarbe. Nur mal anfassen – ist doch erlaubt, oder? Das Canvas-Modell fühlt sich richtig gut an und bietet Platz für all meinen Krempel.

Meine liebe Schwester schlägt vor, dass *sie* sich die Tasche kaufen könne, um etwas später festzustellen, dass sie ihr doch nicht gefällt. Dann würde sie sie mir anbieten.

„Umsonst? Du müsstest mir die Tasche schon schenken, aber dann kannst du sie mir auch direkt kaufen“, schlage ich erfreut vor.

Kirsten überlegt laut, ob es okay ist, mir dann Anfang 2011 alle in dieser Form erworbenen Dinge gesammelt in Rechnung zu stellen. Ich verzichte auf dieses zinslose Darlehen. Verwandte kann man sich eben nicht aussuchen.

„So kann man es auch nennen“

Dies ist der Kommentar meiner Mutter, bei unserer Rückkehr von einem samstäglichen Besuch der Rathaus-Galerie.

Aber von Anfang an:

Als unser Spross freitags aus der Schule kommt, hängt die Sohle seines rechten Winterschuhs nur noch am seidenen Faden. Hier lohnt sich keine Reparatur mehr. Außerdem geben wir trotz des erneuten nächtlichen Schneefalls die Hoffnung nicht auf, dass der Winter bald mal vorbei ist.

Wir sichten Sohnes Schuhwerk. Seine schwarzen Pumas hatten schon bessere Zeiten und der dicke Zeh hat sein Ziel in den grau-roten Sneakers so gut wie erreicht. Da mein Göttergatte einem Abstecher zum Technomarkt niemals abgeneigt ist und unser Sohn dort seine Geburtstagsgutscheine einlösen will, machen wir uns nach dem Mittagessen auf in die Stadt. Erklärte Ziele: Schuhe fürs Kind, ein Geodreieck für die Schule, zum Saturn und „ich glaub, ich guck mal nach Klamotten“ für meinen Mann (hat er das gerade wirklich gesagt?). Ich gehe nur zur Dekoration mit.

Zugegeben, ich liege meinem Schatz seit ein paar Tagen mit einem Buch in den Ohren. Eine Neuerscheinung, die ich unbedingt lesen möchte. Natürlich habe ich in der Bibliothek nachgefragt, aber dort ist es nicht im Programm. Den Vorschlag meines Mannes:

„Dann kauf es dir doch!“ weise ich entrüstet zurück.

Nein, dann nehme ich mir erst mal alles vor, was noch ungelesen zuhause im Regal steht.

Meine Schwester und ihr Mann wollen ebenfalls ins Einkaufszentrum und wir verabreden uns dort zum Kaffeetrinken. Aus dem Kaffee wird mangels Sitzgelegenheiten in den diversen Lokalen eine Runde frisch gepresster Säfte. Wo kommen bloß die vielen Menschen her? Wir treffen einige Bekannte und haken unsere Einkaufsliste ab. Während mein Mann anprobiert, wird mir sogar ein Glas Sekt angeboten.

Zum Schluss schiebt er uns beide in eine Buchhandlung, lässt sich meinen Wunschtitel zeigen und begibt sich mit den Worten:

„Das schenke ich dir!“ zur Kasse.

Und das hat meine Mutter zu ihrem Kommentar „So kann man es auch nennen!“ veranlasst. Das wäre kein Geschenk und außerdem fehle der Anlass.

Mir ist unwohl bei der Sache. Schließlich leben wir rein rechtlich gesehen in einer Zugewinngemeinschaft. Dann hätte ich mir zumindest das halbe Buch selbst gekauft. Gibt es halbe Geschenke? Nö, oder? Die Geste zählt.

Mein Schatz macht kurzen Prozess und überreicht mir das Buch mit einem Kuss und den Worten:

„Das ist mein Geschenk zum letzten Schneetag für dich.“

Und der absolute Kracher kommt jetzt: Er hat das Buch schön einpacken lassen.

Also, wenn das kein Geschenk ist …

„Frau Duven, ich hätte da eine Frage."

„Na, dann schießen Sie mal los, Frau Heinrichs!"

Let the sunshine in

Der morgendliche Blick in den Spiegel verheißt nichts Gutes. Ich sehe ein bleiches Gesicht mit leicht frischkäsigem Teint. Die Badezimmerbeleuchtung ist unverändert – es muss an dem schwarzen Outfit liegen. Am nächsten Morgen, streng nach erfolgter Farb-Typ-Beratung in vorteilhaftes Oliv gekleidet, kein Unterschied. Jetzt habe ich mehrere Probleme:

1. Ich bin zu blass!
2. Ich bin relativ eitel!
3. Ich brauche Sonne!
4. Die Wetterprognose ist alles andere als gnädig!
5. Mein Sonnenstudiokundenkärtchendeposit ist erschöpft!

Und schon befinde ich mich mitten in einem Gewissenskonflikt: Ist ein Besuch im Sonnenstudio eine unnötige Ausgabe? Vorsichtshalber frage ich *nicht* meine nächsten Angehörigen. Menschen, die nach zehn Minuten Frischluft aussehen, wie nach zehn Tagen Strandurlaub sind in dieser Hinsicht inkompetent. Ich trete die Flucht nach vorne an und schlendere zum benachbarten Sonnenstudio. Mein Täschchen mit dem nötigen Equipment nehme ich zur Sicherheit mal mit.

Im Studio angekommen schildere ich der Inhaberin ausführlich die Problematik und entnehme ihrem strahlenden Gesicht, dass sie mich nicht im Regen stehen lassen wird. Frau Duven erläutert mir fachmännisch die gesundheitlichen Vorteile der gelegentlichen Konservensonne. Das Zauberwort an dieser Stelle lautet: „Vitamin-D-Mangel".

Sie belegt diese Theorie mit Hilfe einschlägiger Fachliteratur.

Ich bin alarmiert. Ein Mangel an Vitamin D schwächt das Immunsystem beträchtlich. Da haben wir es: Meine fast drei Wochen dauernde Erkältung vor Karneval, meine Müdigkeit in letzter Zeit, alles wegen fehlender Sonneneinstrahlung! Heute Morgen habe ich zweimal gehustet.

Dazu kommt, dass mein Körper das fettlösliche Vitamin wegen der Fastenzeit momentan praktisch kaum aus der Nahrung aufnehmen kann. Ein Verzicht auf die UVB-Strahlen wäre nahezu leichtsinnig bis selbstgefährdend. Die Gesundheit ist doch unser höchstes Gut. Außerdem befindet sich meine Hausärztin gerade in ihrem wohlverdienten Urlaub. Da muss ich zusehen, dass ich gesund bleibe. Gar keine Frage: Sonnenbank ist nicht nur Wellness sondern Prävention.

Frau Duven, ich danke Ihnen. Bitte für 15 Minuten die Kabine eins.

„Heute machen wir uns einen richtig schönen Fernsehabend."

„Das kannst du vergessen. Es läuft nur Schrott."

Pay-TV

Mist! Jetzt habe ich tatsächlich Geld ausgegeben. Viel Geld! Für etwas, was die meisten mit hundertprozentiger Sicherheit unverhältnismäßig teuer finden. Die Rechnung unseres Kabelnetzbetreibers flatterte ins Haus. Mehr als zweihundert Euro für ein Jahr Fernsehprogramm, welches oft grenzwertig ist.

Es fällt mir schwer, einzusehen, dass es sich hierbei um eine notwendige Ausgabe handeln soll. Da wir diese Dienstleistung jedoch regelmäßig in Anspruch nehmen, haben wir leider keine andere Wahl, als sie zu bezahlen. Normalerweise erledigt das unser Haushaltsvorstand und Hauptverdiener und beugt sich zähneknirschend der zweiten Mahnung. Diesmal habe ich großzügig noch am gleichen Tag, an dem die Rechnung eintraf, mein Konto belastet.

Da ich momentan so gut wie kein Geld ausgebe, ist mein Girokonto ausreichend gefüllt. Die erste Onlineüberweisung dieses Jahres. Wow, das war richtig aufregend. Aber das gute Gefühl, was sich beim Kauf eines schönen Schals oder einer edlen Handtasche einstellt – es fehlte gänzlich.

„Kirsten, wer dich zur Freundin hat, braucht keine Feinde mehr."

„Britta, ich bin deine kleine Schwester – mehr nicht."

Lauter schöne Sachen

Es ist Samstag. Mein Schatz betreut als Lizenztrainer seine Fußballkinder auswärts und mein Sohn macht anlässlich eines erneuten Kindergeburtstages das Schwimmbad unsicher. Normalerweise ein schöner Zeitpunkt für ausgiebiges Shopping. Alternativ bietet sich aus gegebenem Anlass Fensterputzen an. Da Letzteres zweifellos sinnvoller und kostengünstiger ist, kommt mir der plötzliche Anruf meiner Schwester völlig ungelegen.

„Wie bitte? Einkaufszentrum? Jetzt??? … Klar! Bin fast fertig!"

Innerhalb von zehn Minuten habe ich geduscht, bin geföhnt, geschminkt und umgezogen. Wir schlendern und schlendern und Kirsten erzählt mir freudestrahlend von ihrem Shoppingtrip vor zwei Tagen in eben diesem Komplex. Habe ich etwas verpasst? Meine Frage, warum sie denn heute wieder hierher kommt, beantwortet sie mit einem breiten Grinsen wie folgt:

„Ich wollte dir mal zeigen, was ich mir alles gekauft habe."

Bevor ich meine Sprache wiederfinde, betrachte ich Blusen, Röcke und anderen Schnickschnack. Da Neid mir grundsätzlich völlig fremd ist, pudere ich meine grünliche Gesichtsfarbe schnell etwas ab und entspanne die Mundwinkel nebst Kiefermuskulatur mit Hilfe eines Kaugummis.

Später lädt Kirsten mich zu einem ausgiebigen Kaffeetrinken ein, um ihr Gewissen zu beruhigen. Sie hat tolle Frühlings-Schnäppchen gemacht und ich gönne meiner einzigen Schwester nur das Allerbeste – bis auf diese türkisfarbene Bluse!

„Mama, ich fasse es nicht: der Lars Bender!“

„Ist das einer aus deiner Klasse?“

Matschattacke

Mein Sohn ist Feuer und Flamme. Die begehrten Fußballsammelkarten der Saison sind seit einiger Zeit im Umlauf – von mir konsequent ignoriert. Edelmetallisch glänzende, kleine, flache Tütchen mit all den durchtrainierten und muskulösen Bundesligafußballern auf glatten, bunt schimmernden Sammelkarten mit einer Fläche von je 54,56 Quadratzentimetern. Das passende Einsteckalbum bietet Platz für 432 mögliche Karten und ist direkt mit im angebotenen Starter-Set. In der letzten Bundesligasaison ist dafür ein dreistelliger Betrag draufgegangen, der überwiegend von mir finanziert wurde.

Das Glücksgefühl, wenn sich ein sogenannter ‚Matchwinner‘ in einem der Päckchen befand, war recht beachtlich. Mehr als einmal habe ich mit meinem Sohn jubelnd in diversen Kiosken gestanden. Wir haben stundenlang sortiert, gelistet und in einem speziellen Onlineforum getauscht, was das Zeug hergab.

Bis auf eine noch fehlende Karte haben wir alle zusammen gesammelt. Die 75 Euro für den limitierten Patrick Ochs (den Namen hatte ich vorher nie gehört!) bei Ebay waren mir dann schlussendlich zu teuer. Ende der Fahnenstange! Eine gute Farbkopie tat es auch! Nun hat David einen Teil seines Taschengeldes in einige Päckchen zu je 1,25 Euro investiert. Nur nebenher bemerkt: Der Aufpreis zum Vorjahr beträgt schlappe 25 Prozent!

Mein Problem ist, dass ich von Natur aus zu den Sammlern gehöre. Bereits als Kind wurden mir die vielen Panini-Alben in Bezug auf mein Taschengeld zum Verhängnis. Ein kleines Vermögen habe ich am Büdchen nacheinander für Heidi, Pinocchio, die Mäusepolizei und die Schlümpfe ausgegeben. Mit den doppelten Bildchen hätte man das Kinderzimmer flächendeckend tapezieren können. Auch in meinem Heidi-Album fehlte mir ein einziger Sticker. Das hat doch Methode, nicht wahr? Das letzte Bild gibt es gar nicht, wetten? Zumindest nicht in den im Handel erhältlichen Tütchen. Das letzte fehlende Bild kann vielleicht beim Hersteller bestellt werden. Bis zu dieser Erkenntnis ist man pleite.

Wie erklärt sich nun das Kribbeln in den Fingern, wenn ich die aktuellen Fußballkarten in der Hand halte und sie zusammen mit meinem Sohn ins Album sortiere? Das glückliche Gesicht meines Jungen beim Auspacken des Bayer-Star-Spielers Derdiyok berührt mich tief. Das hat fast etwas von Leidenschaft, oder? Als David verkündet, dass er unbedingt die Karte des Bayer-Abwehrstars (übrigens der Beste – Anmerkung meines Mannes) Sami Hypiää braucht, bin ich mit ihm voll einer Meinung. Wo ist die Notbremse? Wo?

Mein Mantra der letzten Wochen *‚Fußballkarten sind unnötig!‘* wurde gestern durch den Kauf eines Stapels der Verpönten als Osterpräsent verworfen, Aber halt: Geschenk ist erlaubt. Die Ausgabe ist gerechtfertigt.

Leider fehlen mir für die nächsten Monate die Anlässe für weitere Entgleisungen. Ich werde standhalten – ganz sicher! David kann den Papa fragen, den Onkel Holger oder den Opa.

Hilfreich, wenn in der Familie alle männlichen Mitglieder dem Fußball verfallen sind.

Es besteht noch Hoffnung.

April

„Der April macht, was er will.“

Ich bin sehr gespannt, ob diese altbekannte Bauernregel auf mein Projekt zutrifft.

Wider Erwarten sind die Entzugserscheinungen bisher weitestgehend ausgeblieben. Die bunte Kette, die ich in einem Laden in der Stadt gesehen habe, ist zwar wunderschön und auch günstig, aber es fällt mir nicht schwer, daran vorbeizugehen – wie bereits mehrfach erprobt – ohne in einem Weinkrampf zusammenzubrechen.

Okay, ich fühle mich etwas nervös, genervt, sogar ein bisschen verzweifelt, aber es geht mir gut. Mein Augenlid zuckt.

Sch…, ich will diese Kette!

Matschattacke zum Zweiten

Versagt, versagt, versagt. Die Fußballkarten brennen in meiner Handtasche. Unnötiger hätte das Geld dafür nicht angelegt werden können. Der kleine Sammlerteufel in meinem Kopf hat gewonnen. Wie komme ich aus der Nummer wieder heraus? Überleg‘ schon, Britta, komm, du bist doch sonst so schlau.

Die Psychologin meines Vertrauens hat mir die Methode der *hilfreichen Gedanken* nahegebracht. Wäre ja gelacht, wenn man die nicht für diesen Fall anwenden könnte:

Situation:
Ich habe Fußballkarten ohne Anlass gekauft.

Gedanke:
Ich habe versagt!

Gefühl:
Unterirdisch, denn es ist erst April.

Hilfreiche Gedanken:
– *Die Karten sind nicht für mich.*
– *Ich schenke sie meinem Sohn und Geschenke sind erlaubt.*
– *Das Geld lag auf der Kommode im Treppenhaus; es gehörte mir nicht.*
– *David ist mein einziges Kind.*
– *Man kann Fußballkarten als Wertanlage betrachten.*
– *Im weitesten Sinne war es eine Spende an den Lizenzgeber DFB.*
– *Mein Sohn hält die Ausgabe nicht für unnötig.*
– *Der Verkäufer der Karten auch nicht – glaube ich jedenfalls.*

Das sollte dann reichen, um mich besser zu fühlen. Mehr hilfreiche Gedanken fallen mir beim besten Willen nicht ein.

Der Kleine freut sich diebisch, mein Mann freut sich hämisch und ich freue mich richtig, dass wir alle uns so freuen.

Seufz.

Mond im Skorpion

Da soll noch mal einer sagen, dass Horoskope Quatsch sind. Die Astrologin einer großen, deutschen Zeitung rät mir zu shoppingfreien Wochen. Okay, sie bezieht das auf einen eventuellen finanziellen Engpass, aber man kann schließlich nicht alles haben.

Genau genommen ist die Wahrsagerin mit ihrem gut gemeinten Rat etwas spät dran, denn schon im letzten Oktober bin ich selbst darauf gekommen. Außerdem ist es bei mir umgekehrt: *Wenn* ich shoppe, bin ich knapp bei Kasse. Momentan spare ich durch meine Enthaltsamkeit monatlich einen ordentlichen Betrag ein. Aber auch die Vorhersagen von Nostradamus wurden bereits damals reichlich großzügig ausgelegt – die Tendenz zählt und die stimmt, wenn auch nur grob: „shoppingfreie Wochen“.

Hierzu schickt mir Renate einen Kommentar:

“Viele Menschen benutzen das Geld, das sie nicht haben,
für den Kauf von Dingen, die sie nicht brauchen,
um damit Leuten zu imponieren, die sie nicht mögen.

Das zum Thema „No Shopping“!!!
Es war mal wieder richtig schön Dich zu sehen ...

LG Renate”

Das besagte Treffen fand übrigens – wie kann es anders sein – im neuen Einkaufszentrum statt. Gekauft haben wir beide nichts Unnötiges, aber angeschaut, und zwar ausgiebig.

Erwähnte ich schon die schöne Kette? Sie hängt da noch …

Alles fit?

„… im Schritt?“

(Würg! Der blödeste Männerspruch, den es je gegeben hat, nicht wahr? Aber ich gewinne eine Wette, wenn ich ihn hier zitiere.)

Frühling lässt sein blaues Band … wieder flattern … trallala. Endlich wolkenloser Himmel, Sonnenstrahlen, Blumen, Pollen – okay, das ist ein anderes Thema. Die Temperaturen steigen und mit ihnen die Laune.

Bei mir steigt vor allem die Kauflaune, was im Umkehrschluss direkt nach der Winterdepression zu einer Art Frühjahrsmelancholie führt. Und was hilft bei seelischen Tiefs? Jawohl: Sport! Körperertüchtigung in jeder Form (Shoppingmarathon ausgenommen) hebt die Stimmung und setzt im menschlichen Gehirn Botenstoffe frei, die für Glücksgefühle sorgen.

Während ich dieses Kapitel schreibe, verzehre ich einen mittelgroßen Schokoladenweihnachtsmann. Dies ist a) sparsam und hat b) die gleiche Wirkung. Die Fastenzeit ist vorbei und mir sind erfreulicherweise ein paar Kilo abhanden gekommen. Nur meine Fitness lässt eindeutig zu wünschen übrig. Im Austausch mit meinen Freundinnen erfahre ich, dass die Mitgliedschaft im Fitness-Studio heutzutage zwischen fünf Euro pro Woche bis fünfzig Euro pro Monat kostet. Ist das eine unnötige Ausgabe? Ehrlich gesagt habe ich schon zweimal für mehrere Jahre Mitgliedsbeiträge in einschlägigen Studios bezahlt, ohne dafür Leistungen in Anspruch zu nehmen. Mein innerer Schweinehund ist halt sehr zutraulich und sensibel. Ideal wäre es, diese bereits gezahlten Gelder sozusagen nachträglich abtrainieren zu können. Ich zweifle aber an der Kooperationsbereitschaft der Betreiber.

Doch jetzt muss etwas getan werden, es hilft nix: Ich muss Sport treiben. Um mein Projekt nicht zu gefährden, darf es aber wenig bis nichts kosten. Eine spontan durchgeführte Inventur bringt folgende, vorhandene Sportgeräte zutage: Schlittschuhe, Rollerblades, Badminton-Schläger, Trimmrad, diverse Markensportschuhe, Cross-Trainer und Nordic-Walking-Stöcke. Die ersten drei Geräte fallen aus wegen 1. Frühling, 2. Verletzungsgefahr aufgrund ungenügender Fahrpraxis und 3. fehlenden Spielpartners. Das Trimmrad steht im Keller in ungemütlicher Atmosphäre. Außerdem kann man dort kein Fenster öffnen zwecks Sauerstoffzufuhr. Joggen verschiebe ich, wenn überhaupt, auf später. Erst mal muss ich eine gewisse Grundfitness erreichen. Die Walking-Stöcke sind keine schlechte Sache. Ich habe beim Kauf vor ein paar Jahren direkt einen entsprechenden Kurs gemacht. Auch der noch recht jungfräuliche Cross-Trainer, der ziemlich teuer war, sollte schnell in Betrieb genommen werden.

Gesagt – getan: Ich fange klein an und drehe erst einmal eine große Spazierrunde durch den Wald. Der Bürgerbusch ist praktisch vor der Tür und die Benutzung ist kostenlos! Ich mache mich mit den Waldwegen vertraut und genieße das schöne Wetter. Morgen nehme ich die Stöcke mit und probiere mal, ob es noch klappt. Der Cross-Trainer erhält die fristlose Kündigung seines Jobs als Kleiderständer. Dann hole ich mir zwei Körbe Wäsche aus dem Keller, baue das Bügelbrett auf und mache mich an die Arbeit. Ein Rundumschlag in der Wohnung ist mit Betten beziehen, Staubsaugen, Putzen und Aufräumen treppauf, treppab eine schweißtreibende Tätigkeit.

Mein Fazit ist, dass ich ohne Ausgaben meine Fitness steigern kann. Unnötig wäre es sicherlich nicht gewesen, da es dabei um meine Gesundheit geht, aber nötig momentan auch nicht.

An dieser Stelle eine kleine Geschichte zum Thema Gesundheitskosten: In der Apotheke sollte ich für eine Halbjahrespackung eines Selbstzahlermedikaments über sechzig Euro hinlegen. Allein meine freundliche Frage nach einem günstigeren Re-Import brachte eine Ersparnis von über fünfzehn Euro! Dies als kleinen Tipp am Rande. Von der pharmazeutischen Angestellten hätte ich mir etwas mehr Eigeninitiative gewünscht. Ist ja nicht ihr Geld.

Flohmarkt

Sonntag bei strahlendem Sonnenschein. Eine Handtasche, zwei Schals, ein Paar beige Pantoletten aus echtem Leder (ungetragener Fehlkauf!), eine gelbe Glasschale, dickwandige Espressotassen im Set, Bücher, Bücher und noch mehr Bücher …

… das hätte meine Ausbeute sein können. So, und jetzt bitte nochmal langsam: *hätte können!!!* Ha! Ich bin tatsächlich – obwohl es mir äußerst schwer fiel – standhaft geblieben. Wobei ich sagen muss, dass die Anwesenheit meines lieben Ehemannes dabei eine wichtige Rolle gespielt hat. Nee, die Blöße wollte ich mir vor ihm nicht geben.

Der Kerl hat leider nicht ein einziges Mal gefragt, ob er mir etwas Nettes schenken könnte. (Ich hoffe übrigens noch immer auf die bunte Perlenkette aus der City!) Mein Mann ist flohmarkttechnisch der Typ ‚Drübergucker', während ich der ‚Scanner' bin. In kürzester Zeit habe ich die Tische, das was davorsteht, die Leute dahinter und eventuelle am Auto angebrachte Waren ausführlichst in Augenschein genommen und taxiert. Mein Schatz wartet dann gewöhnlich bereits am Ende des jeweiligen Ganges auf mich. Weniger, weil er gerne wartet, sondern weil ich mich ohne seine Navigation auf jedem noch so kleinen Flohmarkt verlaufen würde, was den Besuch unnötig in die Länge zöge.

Wir lieben Flohmärkte. Vor zwanzig Jahren hat mein Mann mir die Welt des Trödels erschlossen. Seit dem sind wir im Sommer immer mal wieder auf einem der zahlreichen Märkte und gehen selten mit leeren Händen nach Hause. Auch als Verkäufer machen wir uns gut, was aber seit Ebay ziemlich nachgelassen hat. Im Internet regnet es nicht und die Kunden bieten dort hoch, anstatt runterzuhandeln. Doch wir haben in guter Trödelstimmung beschlossen, es im Sommer nochmal anzugehen. Wir werden in aller Herrgottsfrühe aufstehen und uns den Sonntag um die Ohren hauen. Zusammen mit ein paar Freunden macht das richtigen Spaß, was erfahrungsgemäß nicht nur am mitgebrachten Prosecco liegt.

Das vergangene Wochenende war nur der Saisonauftakt. Wie soll ich die kommenden Märkte unbeschadet überstehen? Ich sehe mein Projekt akut gefährdet.

„David, wieso klebe ich am Küchenboden fest?“

„Könnte an dem Ei liegen, das mir runter gefallen ist.“

Delegieren

Mein Entrümpelkalender, der mir täglich Tipps zur Vereinfachung meines Lebens gibt, begrüßt mich am Samstag mit der Überschrift ‚Delegieren lernen‘. Das ist doch mal eine gute Idee für jemanden, der zum Kontrollzwang neigt. Es gibt eben Dinge, die muss man selbst machen, wenn sie ordentlich erledigt sein sollen. Dann kann man sich auch so wunderbar darüber beklagen, wie viel noch zu tun ist.

Frei nach dem Motto ‚nobody is perfect‘ schlägt die Autorin des Kalenders zum Beispiel vor, dass das Kind – wenn vorhanden – mal eine Mahlzeit alleine kochen könne. Okay, nicht, dass ich perfektionistisch wäre, aber wer renoviert hinterher die Küche? Vielleicht steht das ja auf dem Kalenderblatt für morgen. Mal abwarten. Doch insgesamt ist der Kalender an der neuerlichen Ordnung in unseren vier Wänden maßgeblich beteiligt.

Sonntags besteht mein Mann erneut auf einem Trödelmarktbesuch. Will er mich quälen oder wirklich nur ein bisschen an die frische Luft? Er schaut völlig arglos, also möchte ich ihm mal nichts unterstellen. Kaufgelegenheiten verursachen bei mir offenbar neuerdings eine Art Verfolgungswahn. Das Angebot heute ist für mich erfreulicherweise uninteressant. Es sind überwiegend Trödler da, die ihre uralten Sachen anbieten. Modriger Kellergeruch umweht viele der Tische. Ich verzichte gnädig auf jeglichen Kauf, worüber ich meine Lieben selbstverständlich wortreich in Kenntnis setze.

Mein Sohn findet einen Legokarton und quengelt sich in einer Tour durch die nächsten drei Gänge. Er zieht alle Register von Betteln über Diskutieren bis Hundeblick, beißt aber bei meinem Mann auf Granit. Als dieser seine Pernod-Sammlung um sechs neue Gläser erweitert und sich mit Comics eindeckt, schlage ich dem Kleinen vor, nach der Devise ‚gleiches Recht für alle' erneut zu verhandeln. Dann befolge ich den Rat des Entrümpelkalenders und delegiere die Aufgabe, einen guten Preis für das Legopaket auszuhandeln und bei entsprechendem Erfolg auch zu zahlen, an meinen lieben Mann.

Den Abend verbringen wir glücklich zusammen im Wohnzimmer. Einer liest Comics, der andere baut ein Schiff zusammen und ich schreibe dieses Kapitel.

Kleiner Nachsatz: Das Knöllchen wegen Falschparkens, das wir hinter dem Scheibenwischer gefunden haben, werde ich selbstredend großzügig übernehmen.

„Frau Heinrichs, ist das in Ihrer Hand etwa eine Plastiktüte?"

„Herr Mähler, was machen Sie denn hier im Einkaufszentrum?"

Big brother is watching me

Bis eben fand ich meinen Chef sehr nett. Wie indiskret von ihm – und was für eine Frage. Ja, es ist eine Plastiktüte, das sieht man doch. Darin sind Schulsachen für meinen Sohn. Kleine Aufzählung gefällig? Ein Radiergummi, Buntstifte, ein Bleistift und ein blauer Frixion (der Kultstift 2010), da ihm seiner mal wieder abhanden gekommen ist.

Mittlerweile haben wir wohl einem Großteil von Davids Mitschülern diese ausradierbaren Tintenroller finanziert. Ach, da ist noch die Jacke von Puma – hätte ich fast vergessen. Die war sehr nötig, da unser

Kind sich erfreulicherweise im Wachstum befindet und zu kleine Oberteile mit Dreiviertelarm bei einem Jungen in seiner Altersgruppe nicht modisch aussehen. Noch schlappe zehn Zentimeter und mein Sohn hat mich eingeholt – noch zwanzig und er kann mir auf den Kopf spucken, was er zweifellos gerne ausprobieren würde. Aber halt:

Sollte mein Chef nicht im Büro sitzen, anstatt seiner loyalen und wertvollen Mitarbeiterin aufzulauern? Was treibt der sich dienstags vormittags in der City herum? Ich bin hier zum Bummeln und Kaffeetrinken verabredet und habe mir ordnungsgemäß freigenommen.

Direkt im ersten Laden sehe ich eine schöne, weiße Bluse und erinnere mich an meine Kleiderschrank-Aktion. Auch danach sind noch genug von der Sorte vorhanden. Freude ist etwas anderes. Das Gefühl, etwas Neues zu kaufen, ist einfach nicht zu verachten. Mir wird hier und heute richtig bewusst, wie viele Spontan-das-nehme-ich-mal-eben-mit-Käufe ich in der Regel tätige. Die kleine Tasche, das Tuch mit der farblich passenden Kette, das weiße Blüschen und die Parfumsondergröße – normalerweise für mich kein Hindernis. Das Wort ‚kauflustig' beschreibt es am besten. Kaufen macht Spaß, was im Umkehrschluss bedeutet: Nicht kaufen macht keinen Spaß. Zu dieser bitteren Erkenntnis bin ich heute gelangt. Wie soll ich das bloß durchhalten?

Gleichzeitig mit der laufenden Woche endet mein vierter Konsumdiätmonat. Es wird Zeit, sich Gedanken über mein Tanz-in-den-Mai-Outfit zu machen. Ich beschließe, eins der bisher ungetragenen Schrankhüter-Oberteile anzuziehen. Dann trage ich auf jeden Fall etwas Neues, ohne etwas Neues gekauft zu haben. Zwei Fliegen mit einer Klappe geschlagen. Toll! Wobei mir etwas einfällt: Wieso ist der Kauf einer Fliegenklatsche (batteriebetrieben – 2,49 Euro) verwerflich, wenn die alte Fliegenklatsche kaputt ist? Zerbrochen!

Dieses Thema kam vorige Woche auf. Keinen Kommentar! Ich habe es auch so schon schwer genug. Also bitte!

„Mama, wie siehst du denn auf dem Kopf aus?“

„Sei still David, sonst gebe ich dich zur Adoption frei.“

Eine haarige Angelegenheit

Es bahnt sich eine Katastrophe an und zwar auf meinem Kopf. Folgende Adjektive beschreiben die Situation am besten: Zottelig, langweilig, unbändig, graudurchzogen. Dieses Problem muss umgehend beseitigt werden, was meiner Meinung nach einem Fachmann vorbehalten ist. Doch Handwerk hat seinen Preis.

Eine liebe Freundin und gleichzeitig ausgebildete Haarstylistin erklärt sich spontan bereit, mir unentgeltlich zu helfen. Auch mein Sohn traut sich selbstbewusst zu, meine Frisur zu optimieren. Ich bleibe unentschlossen. Seit vielen Jahren halte ich *meinem* ‚Salon Böckmann‘ die Treue. Soll ich die mittlerweile entstandene Freundschaft so leichtfertig aufs Spiel setzen? Vor allem, da ich eine radikale Veränderung in Bezug auf meine Haarlänge in Betracht ziehe.

Man stelle sich die Situation vor: Frau Heinrichs begegnet ihrer Haus-und-Hof-Friseurin – beispielsweise auf einer Tanz-in-den-Mai-Veranstaltung – und trägt ihr Haar plötzlich kurz. Unfall beim Föhnen oder versehentliche Selbstverstümmelung sind unglaubwürdige Ausreden. Was soll ich tun?

Mein Sohn hat seine ganz eigene Ansicht:

“Liebe Mama,

Friseur, Frisuren und das Ganze! Ist das nervig! Du willst eine neue Frisur und wie das so ist, kommen seit Tagen immer die gleichen Fragen: Wo sollst du hin? Was soll es kosten? Wie soll die Frisur aussehen? Du willst kein Geld ausgeben, dann ist das theoretisch unnötig mit dem Friseur.

Da habe ich dir angeboten, dass ich dir die Haare selber schneide. Du hast gesagt: „Nein!“ Dann kannst du dir ja eine Hippiefrisur wachsen lassen.

Und das soll jetzt das ganze Jahr so gehen? OH NEIN!

Dein Schatz David"

Das Haupthaar ist für Frauen praktisch wie eine Art Körperteil. Wenn ich überlege, wie ich nach der Konsumdiät auf dem Kopf aussehen werde, wenn ich auf den Friseur verzichte, dann ‚Nacht Mattes', wie der Rheinländer gerne sagt. Catweazle kommt mir in den Sinn und Struwwelpeter – auch die mochte niemand. Sicher wegen der Frisuren. Hier einfach das Wort ‚unnötig' ins Spiel zu bringen, wäre in höchstem Maße unfair. Wachsen lassen kommt nicht in Frage, denn mir stehen weder lange Haare noch Mützen, um diese zu verdecken.

Das Angebot eines lokalen Salons – 40% Rabatt, wenn man den Lehrling ranlässt – erledigt sich schnell, als ich in Erfahrung bringe, dass die attraktive Auszubildende erst vor kurzem die Lehre angefangen hat. Mein Mut reicht gerade für eine Kurzhaarfrisur – russisches Roulette ist nicht so meins.

Als ich beim Surfen im Internet *die* absolute Traumfrisur entdecke, ist die Entscheidung gefallen: Ich gehe zum Friseur und zwar zu meinem! Für eine seriöse Autorin ist eine gepflegte Erscheinung zwingend notwendig. Die kann ohne professionelle Hilfe nicht mehr aufrecht erhalten werden. Den Friseurbesuch zu vermeiden ist also karrierefeindlich und somit untragbar. Einmal Waschen, Schneiden, Föhnen, bitte.

Frisch geschnitten wieder zuhause angekommen erhalte ich durchweg positives Feedback. Mein Mann macht mich darauf aufmerksam, dass sich in meinem Notfallkoffer ein Friseurgutschein befinden müsste. Er hat Recht und ich habe mir schon wieder ganz umsonst viel zu viele Gedanken gemacht. Wenn ich jetzt eine Weile durchhalte und für einen zweiten Friseurbesuch den Gutschein nutze, ist doch das laufende Jahr gerettet. Alles wird gut.

M a i

‚Alles neu macht der Mai' – trifft auf mich definitiv nicht zu.

Das kann ich mir abschminken. Im Gegenteil: Die bunte Kette, um die ich so lange herum geschlichen bin, ist weg. Ausverkauft.

Mein Lieblingsparfum ist leer und die Laune im Keller. Dort könnte ich übrigens mal die diversen Kisten und Fächer aufräumen, in denen unnützes Zeug vor sich hin gammelt. Mal sehen, was in den beiden Schuhschränken da unten los ist. Ich sortiere das in den nächsten Tagen mal alles aus und tummele mich ein wenig auf meiner Auktionsplattform.

Einnehmen statt ausgeben ist angesagt.

„Die Nummer eins, die Nummer eins, die Nummer eins am Rhein sind wir!“

(Fangesang aus der Bayarena)

Die Macht am Rhein

Das Glück ist mit den … Enthaltsamen. Was dachten *Sie* denn?

Die Teilnahme an einem Preisausschreiben unserer Handwerkszeitung beschert mir eine Eintrittskarte für das Abschiedspiel unseres ‚weißen Brasilianers‘. Bernd ‚Schnix‘ Schneider verabschiedet sich mit großem Tamtam von der Fußballbühne und ich bin in der BayArena live mit dabei. Vielen, vielen Dank! Das Ticket wird mir per Kurier zugeschickt – die Vorfreude ist riesengroß.

Meine Männer haben sich bereits vor Wochen ihre Karten für das Spiel gekauft, doch ich war im Hinblick auf mein Projekt so selbstlos, auf diese unnötige Ausgabe zu verzichten. Dies ist mein kleines, ganz persönliches ‚Mailight‘. Auf geht’s Bayer, kämpfen und siegen!!!

P.S.: Das Ticket kam heute an! Die Krönung ist, dass ich in einem Stadion, in das nicht weniger als 30.210 Zuschauer passen, ausgerechnet den Platz hinter meinem Mann erwischt habe. Gleicher Block, Platz 11, nur zwei Reihen weiter hinten. Es ist kaum zu glauben.

Ich fasse es nicht!

„David, warum grinst du so?“

„Weil wir neue Vokabeln lernen – Thema: Shopping!“

Bad boy

Sicher erinnern sich die meisten von uns an den Film ‚Friedhof der Kuscheltiere‘ mit dem kleinen, süßen, später leider ultrabösen Blondschopf. Ich sehe ihn noch heute vor mir, wie er mit einem Messer in der Hand die große Freitreppe herunter schleicht. Uuh, Gänsehaut!

Genau diesen fiesen Ausdruck entdecke ich auf dem Gesicht meines Sohnes, als er mir nach der Schule verkündet, dass die neu zu lernenden Englischvokabeln aus Unit 6 sich mit dem Thema ‚Shopping‘ befassen. Da er am PC sehr gewissenhaft ein Langzeitgedächtnis-Vokabel-Lern-Programm benutzt, bin ich in der verzwickten Situation, die neuen Wörter nebst Übersetzung darin eingeben zu müssen. Na super!

Gibt es heutzutage für Kinder der 5. Klassen keine intelligenteren Themen? Mir fällt da spontan ‚Hilfe im Haushalt‘ ein oder besser: ‚Kinderzimmer aufräumen‘. Das wäre zeitgemäß! So könnten die vorpubertierenden Möchtegern-Jugendlichen Englisch und Sozialkunde gleichzeitig lernen und das Wort *Hausaufgaben* bekäme eine völlig neue Bedeutung. Ich werde dem Kultusministerium diesen Vorschlag unterbreiten.

Theorie-Shopping im Englischunterricht – so eine Verschwendung von Zeit und Hirnzellen, die man für wesentlich Wichtigeres nutzen könnte. Da kommen die Kinder nur auf dumme Gedanken. Wie zum Beispiel mein *Stief*kind, das mir alle neuen Vokabeln sprachlich richtig, jedoch mit hämischem Unterton vorliest und zum Abschluss verkündet: „Mum, I need new jeans trousers.“

„Britta, denk dran, heute kommt die Altkleidersammlung."

„Ich schmeiße ab sofort nichts mehr weg!"

Das Dienstleistungsprinzip

Im Zuge meiner Konsumdiät habe ich einen von mir lange ignorierten Geschäftszweig wiederentdeckt: die Dienstleister. Von der Ersparnis durch die Leihbücherei habe ich berichtet.

Auch Schuster und Schneider sind für mich wertvolle Kameraden geworden. Kaputter Reißverschluss? Abgelaufene Absätze? Was vor geraumer Zeit unweigerlich in der Tonne gelandet wäre, um damit einen Neukauf zu rechtfertigen, wird heute aufwendig saniert.

Für den Preis einer durchschnittlich teuren Hose bekommt man vier Reißverschlüsse inklusive Einnähen, und die netten Plaudereien mit dem jungen Mann vom Schuhservice sind sehr informativ. Noch drei Paar Sohlen und wir sind per Du.

Mir fallen weitere Sparmöglichkeiten ein, wie zum Beispiel das Ausleihen statt Kaufen von DVDs, das Herstellen von Sprudelwasser mittels CO^2-Kartusche oder die Benutzung des (vorhandenen) Brotbackautomaten.

Es ist allerdings viel Überzeugungsarbeit nötig, um meine Männer für diese Ideen zu begeistern. Schließlich leben wir hier zu dritt und zumindest weitestgehend in einer Demokratie. Doch ich möchte mein Projekt am Ende des Jahres keinesfalls als Single abschließen, weshalb eine gewisse Rücksichtnahme meinerseits unerlässlich ist.

Eine Anmerkung zum Brotbackautomaten: Wer würde die Schnitten mit den Löchern der Rührhaken essen? Na, *ich*, denn meine Männer bevorzugen unversehrte Brotscheiben.

Morgen werde ich mal beim Optiker reinschauen – meine Lieblingsbrille hat einen kleinen Defekt, der hoffentlich behoben werden kann. Erwähnte ich schon meinen Brillentick? Da ich den Erwerb von Kontaktlinsen aufgrund der Anzahl meiner Brillen als unnötig einstufe, muss ich mir die restlichen Linsen für die nächsten siebeneinhalb Monate gut einteilen. Sollte meine Brille irreparabel sein, habe ich ein Problem, weil die anderen Modelle mir nicht mehr so richtig gefallen.

Das ist einen kleinen Vermerk in mein Wunschzettel-Notizbuch wert, oder?

„Frau Heinrichs, Sie müssen Ihr Projekt sofort abbrechen und kaufen! Tun Sie es für Europa!“

„Nein, Herr Mähler, ich möchte nicht!“

Gedanken zur Wahl

Die politischen Neigungen meines Chefs sind mir bekannt. Meine Hoffnung, dass er mich am ersten Arbeitstag nach der Landtagswahl mit dem Thema in Ruhe lässt, erfüllt sich nicht.

Er unterstellt mir absolute Unwissenheit um die Konsequenzen meiner Wahlentscheidung, die ich diesmal unter Zuhilfenahme des Wahl-o-mat getroffen habe und droht mir eine Abmahnung an. Aufgrund der momentanen wirtschaftlichen Situation in Deutschland und in Euroland ist Herr Mähler der Meinung, dass ich meine Konsumdiät auf keinen Fall weiterführen darf. Europa kann auf mein Geld nicht länger verzichten. Dass ich als kleine Verbraucherin die Wirtschaft ankurbeln könnte, schmeichelt mir und wäre die ideale Rechtfertigung für eine ausgedehnte Shoppingtour.

Aber so leicht bin ich nicht zu knacken. Nicht nach den vier harten Monaten, die hinter mir liegen. Mein Chef bietet mir an, mich auf Knien zu bitten, dem Elend ein Ende zu machen. Ich verzichte und schlage ihm vor, dass ich zunächst mein Projekt zu Ende bringe, das Buch veröffentliche und im Falle, dass es ein Bestseller wird, meine gesamten Erlöse in die Läden trage. Die paar Monate wird Europa wohl noch warten können. Der dezente Hinweis von Herrn Mähler, dass eine Tafel

Schokolade aufgrund der Inflation bis dahin locker vierhundert Euro kosten könnte, macht mir als Naschkatze ein wenig Sorgen. Mein Vorschlag an ihn, mir doch – wie in Griechenland üblich – ein 13. und 14. Monatsgehalt zu zahlen, überhört er und tut so, als müsse er ein wichtiges Telefonat führen.

Für meine Leser an dieser Stelle eine gute Nachricht: Seien Sie stolz auf sich, denn mit dem Kauf dieses Buches haben Sie einen wertvollen Beitrag für Ihr Land geleistet.

„Herr Mähler, ich habe mir ein Lied von Gossip gekauft.“

(den Tränen nahe)

„Frau Heinrichs, fragen Sie doch vorher. Das hätten Sie von mir umsonst haben können.“

Böse Menschen haben keine Lieder

Ich finde, diese Worte aus einem alten Volkslied sind eine sehr gute Einleitung für mein Geständnis.

In diesem Moment zieht sich mein Magen zusammen – das schlechte Gewissen sitzt bei mir definitiv in der Bauchregion. Okay, zugegeben: Ich habe ein Lied. Genau genommen sogar zwei, denn auf der Maxi-CD, die ich mir heute gekauft habe, befinden sich zwei Lieder.

Aus Gründen der Schadensbegrenzung beschließe ich spontan, den zweiten Song zu ignorieren. Zu meiner Rechtfertigung ist außerdem zu sagen, dass ich wirklich alles versucht habe. Auf der Internetplattform, die mir zwei kostenlose Downloads schuldet, ist der Song nicht erhältlich. Mein Geburtstagswunsch vom letzten Jahr, mir eine Itunes-Karte zu schenken, blieb unerfüllt. Ja, was soll ich denn machen? Dieses Lied wird einem ständig präsentiert. Im Radio und als Untermalung bei verschiedensten Fernsehsendungen – überall hört man die Band Gossip.

Ich fühle mich spontan eins mit der Sängerin, die von einem ‚schweren Kreuz‘ singt, das sie zu tragen hat. *Ich doch auch!* Ist es denn nicht geradezu eine Verpflichtung, seiner Schwester im Geiste eine CD abzukaufen? Für schlappe 2,99 Euro? Geteilt durch zwei Lieder! Wir reden also von mageren anderthalb Euro. Man denke erneut an die Inflation. Kein schlechter Schnitt für fast fünf Monate Abstinenz, oder?

Nachahmern meines Projektes gebe ich an dieser Stelle folgenden Tipp: Bitten Sie Personen Ihres Vertrauens um Rat, wenn es eng wird. Überlegen Sie aber vorher, die *richtigen* Leute anzusprechen. Schließlich geht es dabei um Absolution – nicht um Inquisition.

Bleiben wir beim Beispiel CD-Kauf:

Mein Sohn würde mir spontan Recht geben und den Kauf gutheißen, denn ihm gefällt der Song.

Mein Mann liebt mich und ist der Meinung, dass die Leser im Hinblick auf Schadenfreude sogar wollen, dass man sozusagen *versagt.*

Meine Mutter sollte ich dagegen auf keinen Fall einbeziehen, da sie nur Radio hört und sich niemals CDs kauft.

Auch mein Chef wäre der falsche Ansprechpartner. Er fragt jede Woche hinterlistig nach dem Stand der Dinge und wartet praktisch darauf, dass ich kaufe. Na, in diesem speziellen Fall hätte ich ‚Mister Napster' besser *doch* vorher angesprochen. Wie immer passt der berühmte Spruch, dass alles eine Sache der Perspektive ist.

Während dieses Kapitel entsteht, dudelt im Hintergrund die klare Stimme von Beth Ditto and *it's cool.*

„Herr Mähler, ich werde den ganzen Samstag im ‚Ebay' verbringen."

„Ha, Sie wollen wohl die Kriegskasse füllen für nächstes Jahr."

Ebay exzessiv

Meine Männer sind zur Saisonabschlussfahrt der E1 des SSV-Lützenkirchen nach Holland aufgebrochen und ich bleibe alleine zurück.

Meine erste Aktion des Strohwitwendaseins besteht darin, einige große Behältnisse wie Kartons, Klappboxen und Wäschekörbe bereit zu stellen. Dann starte ich einen systematischen Rundgang durch alle Räume einschließlich Speicher und Keller. Ein Teil nach dem anderen landet in den vorbereiteten Kisten, angefangen von DVDs, Büchern und CDs über ungenutzte Tupperdosen und Geschirr bis hin zu Kleidung, Schuhen und Accessoires. Solche persönlichen Befreiungsphasen sollte man unbedingt konstruktiv nutzen.

Ich schleppe alles rüber in unser Büro, mache das Radio an und beginne damit, die Sachen für meine Auktionen zu fotografieren. Insgesamt 46 Angebote stelle ich innerhalb von fünf Stunden ins Netz. Wäre nicht der Anruf meiner Freundin gekommen, die sich mit mir auf ein Bierchen treffen wollte, ich hätte sicher die ganze Nacht vor dem Computer verbracht. Aber morgen ist auch noch ein Tag, um die restlichen Dinge anzubieten.

Zu meiner Verabredung trage ich rote Lederpantoletten und stelle fest, dass die Absätze zu hoch sind. Das muss der Grund dafür sein, dass sie seit Ewigkeiten ungetragen im Schuhschrank stehen – neben den gleichhohen beigen Pumps. Also, ab in die Kiste für die nächsten Auktionen! Ebay ruft.

Eine Woche später

Jubel, Freude und ein Trommelwirbel: An die vierhundert Euro bringen mir die Auktionen unter dem Strich!

Wow, damit hatte ich nicht gerechnet. Es wäre geradezu blöd gewesen, sich mit den Sachen auf den Flohmarkt zu stellen. Da meine Männer an diesem Wochenende wieder unterwegs sind und mit der Jugendmannschaft, die von meinem Mann trainiert wird, die Stadt Mayen unsicher machen, habe ich Zeit, unzählige Päckchen und Umschläge mit meinen ehemaligen Sachen zu bestücken. Unser Büro sieht aus wie das Hinterzimmer einer Postfiliale. Ich beantworte Emails und beobachte die minütlich eintreffenden Zahlungen auf meinem Konto.

Bereits montags bringe ich in zwei Fuhren knapp die Hälfte aller Packstücke zur Post. Im Online-Zeitalter geht das Bezahlen zügig per Mausklick und mit jedem Päckchen, das unser Haus verlässt, kommt mehr Ordnung in die Bude.

Frei nach dem bekannten Motto: Drei – zwei – eins – *deins*!

Juni

Umstände

Jetzt bin ich bereits im sechsten Monat. Frauen in anderen Umständen würden sich freuen, weil sie es bald geschafft haben. Bei mir ist nicht einmal Halbzeit.

„Schwesterchen, wann ist es denn so weit?“

„Halt bloß die Klappe!“

Genervt kaufe ich in der Stadt einen Geschenkgutschein für eine Geburtstagsparty, zu der ich eingeladen bin und würde ihn am liebsten sofort in der Parfümerie einlösen. Stattdessen besprühe ich mich dort großzügig und gratis mit meinem Lieblingsduft und halte die hämischen Seitenblicke des überaufgebrezelten Verkaufspersonals tapfer aus.

Habt ihr nichts zu tun? Pudert euch gefälligst die Nasen!

Ich bekomme weitere Einladungen zu einer Lesung und einer Schmuckparty. Ein Desaster – nein: *zwei* Desaster. Beides endet in der Regel mit einer Geldausgabe.

Ist es unhöflich, bei einer Lesung das Buch des Kollegen nicht zu kaufen? Meiner Meinung nach *ja*! Aber nur deshalb auf eine vielversprechende Veranstaltung verzichten?

Die Schmuckparty ist das kleinere Problem. Die Verkäuferin und die Gastgeberin sind eingeweiht und gegen großzügige Sektspende mit einem Verzicht auf ihren Umsatz einverstanden.

Hier stellt sich die Frage, ob meine Kopfschmerzen von der Aussicht auf zu viel Sekt oder den Erwerb eines Buches verursacht wurden.

Autsch!

Der Kauf von Kopfschmerztabletten fällt unter ‚notwendige Ausgaben' – wie sieht das mit Psychopharmaka aus?

„Herr Mähler, ich habe für meinen Sohn neue Klamotten gekauft."

„Ich glaube, so etwas nennt der Psychologe ‚Projektion' ..."

Beruf verfehlt

Ein Fernsehbeitrag öffnet mir die Augen über den Widersinn meiner einstigen Berufswahl. Alle bisherigen Tätigkeiten hatten – wenn überhaupt – eher mit *Ver*kauf zu tun.

Nun lächelt eine nette Dame in die Kamera und berichtet von ihrem Job als ‚personal shopper' (Aussprache englisch!), mit dem sie nicht nur ein Heidengeld verdient, sondern der ihr auch noch Spaß macht. Kein Wunder.

Mit Anfang vierzig festzustellen, dass man sich seit Ende der Schulzeit beruflich auf dem Holzweg befindet, ist erschütternd. Doch da fällt mir meine Episode in einem großen Warenhaus ein, in dem ich als mehrsprachige Hostess unter anderem wichtigen Kunden – vornehmlich aus dem Ausland – Hilfestellung im Einzelhandels-Dschungel leistete. Eine Zeit, an die ich gerne zurückdenke.

Das ist *die* Geschäftsidee! Ich mache meine Leidenschaft zum Beruf und werde für andere Leute shoppen!

Mein Sohn im Wachstum bietet sich als Probekunde an und erteilt mir den Auftrag, ihn in einem jugendlich angehauchten Shop im Einkaufszentrum neu einzukleiden. Einzige Bedingung: Ich verzichte auf seine Anwesenheit. Er beschreibt mir in groben Zügen den von ihm gewünschten Stil, den man zusammenfassend mit dem Begriff ‚cool' bezeichnen kann. Ich werfe mich in mein Business-Outfit – schließlich ist das ein Job – und fahre in die Stadt.

Im Laden angekommen suche ich professionell nach geeigneten Kleidungsstücken in den passenden Größen zu angemessenen Preisen. Dabei dröhnen mir die Bässe von Disco-Pogo aus allen Lautsprechern in gefühlten tausend Phon entgegen. Dinge-linge-ling!

Durch meine Gegenwart erhöht sich das Durchschnittsalter der Anwesenden erheblich. An der Kasse zahle ich einer blutjungen und mürrischen Kassiererin einen knapp unter dreistelligen Betrag – und fühle mich weder befriedigt noch glücklich. Ich bin genervt! Raus hier aus dieser Disco für Schwerhörige. Die Idee von dem neuen Job wird noch vor Ort verworfen.

Außer Spesen nichts gewesen!

Sonnenstich

Mann, das war anstrengend! Wie jedes Jahr findet an einem Sonntag im Juni der Leverkusener Halbmarathon statt und ich bin wieder dabei!

Sportlich gekleidet stehe ich kurz vor dem Zieleinlauf hinter der Absperrung und feuere an, was das Zeug hält. Zwei Trommler neben mir sorgen unermüdlich für die rhythmische Untermalung, während dreitausend Teilnehmer mehr oder weniger ausgelaugt unter lautem Applaus die letzten Meter abreißen. Diesmal habe ich sogar an den Fotoapparat gedacht, um nächste Woche unsere mitlaufenden Bekannten mit interessanten Schnappschussportraits zu erschrecken – wie gesagt: kurz vor dem Zieleinlauf nach gut zwanzig Kilometern!

Nach anderthalb Stunden zuschauen, knipsen und klatschen bin ich fix und fertig und begebe mich traditionell auf das Neustadtfest in unmittelbarer Nähe. Dort gibt es mittags leckere, türkische Köfte vom Grill. Diese pikant gewürzten Hackbällchen gehören für mich einfach zu diesem Event dazu.

Die zahlreichen Trödler, die sich um das ganze Karree beidseitig der Straße verteilen, können *mir* doch nichts anhaben. Meine Männer sind – na, wo wohl? – bei einem Fußballturnier und so schlendere ich mutterseelenallein durch die Neustadt.

Rockmusik tönt von verschiedenen Bühnen, die Sonne scheint und mein Schatz hat mir vorher ein paar kleine Scheine und den Auftrag mitgegeben, ihm etwas zu Lesen zu kaufen. Standhaft übersehe ich Schuhe, Schmuck und all die schönen Dinge, die der Mensch nicht braucht. Zumindest nicht mehr derjenige, der sie hier heute anbietet.

Nach so vielen Monaten Abstinenz komme ich mir vor wie im Tierheim, wo kleine Welpen wedelnd und mit Hundeblick darum bitten:

„Nimm mich mit nach Hause!“ Wuff! Und dann spüre ich auch schon die Schlinge um meinen Hals, die sich erbarmungslos zuzieht. Eine Mini-Pochette mit Kettchen von der Edelmarke mit den zwei verschlungenen C wedelt mich an. Es handelt sich um ein Werbegeschenk zur Aufbewahrung eines Lippenstiftes oder zur Unterbringung von maximal einem Papiertaschentuch und Kleingeld. Wer mich kennt, weiß natürlich, dass ich seit vielen Jahren leidenschaftlich alles sammle, wo Chanel draufsteht. Betonung auf *alles*! Nur mal kurz anschauen – und natürlich anfassen. Schööön! Die nette Dame hinter dem Verkaufstisch hätte einfach den Mund halten sollen.

„Vier Euro …“, sagt sie mit einem Lächeln und wie aus der Pistole geschossen und, ohne dass ich die Worte hätte zurückhalten können, frage ich:

„Auch *zwei*?“ Wieso nickt Madame jetzt? Kann mir das jemand erklären? Sie steckt das winzige Täschchen sorgfältig in die zierliche Originalverpackung, reicht mir diese und hält gleichzeitig die Hand auf.

Was hätten Sie an meiner Stelle getan??? Mal ehrlich!!! Da konnte ich gar nicht anders. Mein vorlautes Mundwerk hat – wenn ich damals in der Berufsschule richtig aufgepasst habe – rechtlich gesehen soeben einen Vertrag abgeschlossen, denn die Verkäuferin hat mein Kaufangebot angenommen. So etwas ist verbindlich, ob Sie es glauben oder nicht! Jedenfalls bin ich da ziemlich sicher. Ausschließlich zur prophylaktischen Vermeidung eines erbitterten Rechtsstreits, den ich mit hoher Wahrscheinlichkeit verlieren würde, reiche ich der Dame eine Münze, erhalte im Gegenzug die Ware und drücke diese mit einem verzückten Grinsen an mein Herz. Die Verhandlung ist geschlossen.

Wie am Ende zu dem georderten Buch für meinen Mann und den beiden Shirts für David-im-Wachstum ein zarter, oranger Seidenschal mit pinkfarbenen Pailletten in meine Tüte kam …?

Ich hatte nur schwarzen Kaffee getrunken, noch nichts Richtiges gegessen und die Sonne brannte wirklich gnadenlos. Unterzucker, Dehydrierung oder Sonnenstich – anders kann ich mir das nicht erklären. Wäre ich doch zuhause geblieben.

Dass Sie dieses Kapitel lesen können, ist übrigens nicht selbstverständlich. Ich habe lange mit mir gekämpft, den Schal (er hat lediglich einen Euro gekostet) einfach zu unterschlagen. Hätte doch nie jemand erfahren. Was soll's? Doch wenn ich mit gutem Gewissen weiter Konsumdiät halten will, muss ich einen Rückfall in alte Verhaltensmuster zugeben, auch wenn es schwerfällt.

Das tue ich hiermit: Er hat *zwei* Euro gekostet. Jetzt ist es raus! Aber das Geld war von meinem Mann …

„Britta, schau mal, was da steht: ‚Eine Frau kann nie genug Schuhe haben'"

„Danke für den Hinweis." (du blöde Gans!)

Wahre Freundschaft

Bisher hatte ich gedacht, Angelika sei meine Freundin. So kann man sich irren. Sie weiß genau, wie schwer mir die Konsumdiät inzwischen fällt. Muss sie dann noch Salz in meine Wunden streuen?

Wir befinden uns in der City, da ich einige Präsente als Dankeschön kaufen muss. Die Schulpaten unserer Kinder verabschieden sich in die Ausbildung und sollen ein Geschenk zur Erinnerung bekommen. Auch Angelika muss etwas besorgen. Der neueröffnete Shop stand gar nicht auf unserem Programm, aber wir sind neugierig und betreten ihn, freundlich begrüßt von einem echten Türsteher. Wow! Viele bunte Sachen werden angeboten und in der oberen Etage des sehr gut besuchten Ladens prangt in großen Lettern an der Wand der besagte Spruch. Gucken kostet bekanntlich nichts. Also gucken wir ausgiebig.

Ich verliebe mich auf den ersten Blick in unnötige weiß-neongrüne Sneakers in der, dem Himmel sei Dank, falschen Größe und ein Paar bequemer und trotzdem schicker, mittelbrauner Schläppchen. Echtes, butterweiches Leder an einem Fußbett, das den Namen ‚Wolke' verdient. Der Preis ist unschlagbar und meine Laune befindet sich im Gegensatz zu mir plötzlich im Tiefparterre.

In diesem Moment erweist mir Angelika ihre echte und ehrliche Freundschaft. Sie opfert sich im wahrsten Sinne des Wortes und kauft sich die Schläppchen – damit *ich* nicht in Versuchung komme. Ist das nicht fabelhaft, geradezu unübertrefflich? Heute und hier wird mir der Sinn wahrer Freundschaft bewusst. Während sie zahlt entdecke ich bezaubernde Tücher von Valentino. Reduziert! Noch 191 Tage … ich möchte weinen. Und eins sage ich dir, *Frollein*:

„Wehe, du trägst diese Latschen in meiner Anwesenheit auch nur ein einziges Mal! *Ver-stan-den?!!"*

… und führe mich nicht in Versuchung

Mein Mann hatte es bereits angedroht: Es ist spielfrei! Ein ganzer Samstag ohne Fußball – wenn man von der WM absieht. Kaum zu glauben, aber wahr. Wir schlafen sogar etwas länger als sonst, doch der innere Wecker ist irgendwann nicht mehr zu überhören. Bereits um neun Uhr haben wir die Tageszeitung von vorne bis hinten durchgelesen und reichlich Kaffee getrunken. Was jetzt?

Mein Vorschlag, den Carport, welcher als Abstellkammer dient, zu entrümpeln, stößt auf wenig bis keine Begeisterung. Man(n) will es ja nicht übertreiben mit dem freien Tag. Einkaufen wäre nötig. Der Kühlschrank ist leer und nach dem völlereiähnlichen Grillen gestern wollen wir uns heute Abend über eine Rohkostplatte hermachen. Geplant – getan.

Als unser langschlafender Junior endlich zu uns stößt, bleiben ihm genau zehn Minuten für Katzenwäsche und Frühstück. Dann sitzen wir auch schon im Auto. Doch anstatt direkt den Discounter anzusteuern, fährt mein Mann singend in Richtung City. Meine Einwände werden von lauten Reggae-Rhythmen übertönt. *Sohn* hat etwas Geld eingesteckt und plant eine kleinere Anschaffung aus dem Lego-Bereich. *Mann* will „nur mal gucken“. Die beiden sind sich einig wie nie und so bummeln wir tatsächlich durch die Stadt. Wir passieren den neuen Marken-Shop und mein Mann steuert zielsicher auf den Eingang zu. Ich will nicht! Mein Sohn auch nicht, denn er fiebert ungeduldig der Spielwarenabteilung der Galeria entgegen. Doch Herr Heinrichs kennt keine Gnade und schiebt mich in Richtung Eingang. Um nicht die Aufmerksamkeit der übrigen Passanten zu erregen, leiste ich nur geringen Widerstand.

„Zeig mir doch mal das schöne Tuch“, fordert er mich auf und ich zeige.

Ist das nicht ein Traum von einem Tuch? … zwei Tüchern? … drei Tüchern? Jedes unter fünfzig Euro. Wer ist dieser Typ, der wie mein Mann aussieht und sagt:

„Das da sieht toll aus! Los, kauf es dir doch!“?

Wer hat denn hier den Knall nicht gehört? *Kon-sum-di-ät!!!* Diesem Mann habe ich damals meine Hand gereicht; sogar seinen Namen angenommen. Pah! Wie hieß doch gleich der nette Anwalt für Familienrecht? Hoch erhobenen Hauptes verweigere ich den Gehorsam und treibe meine Männer wieder raus in die Fußgängerzone. Im Kaufhof hängt noch immer, genau im Blickfeld der Rolltreppe, das reduzierte Kleid, das mir kürzlich bereits auffiel.

„Los, kauf das. Sieht total schön aus“, schmeichelt wieder dieser ungehobelte Herr, der mir offensichtlich gefolgt ist. Das Kind in seiner Begleitung würde mir sogar Geld dafür leihen.

Nein! Nein! Nein! Ist eine Ehescheidung eine unnötige Ausgabe? Mein Noch-Ehemann grinst diabolisch. Er möchte zum Geldautomaten und ich überlege, wie ich ihn im Anschluss daran hindern kann, mir etwas zu kaufen. Schließlich kennen wir uns nicht erst seit gestern. Ich will das hier gefälligst ohne Sponsoring durchhalten! Notfalls mit Gewalt! Glücklicherweise hat er seine Geldkarte versehentlich nicht dabei – ha! Was für ein Tag!

Aus der Rohkostplatte wurde übrigens auch nichts.

„Bei dem tollen Wetter muss man einfach grillen“, beschließt der männliche Teil unserer Familie, zündet die Kohlen an und nimmt auf der Terrasse Platz. Ich kümmere mich um den Rest.

Strohwitwe Angelika erscheint auf unsere spontane Einladung hin fröhlich in ihren neuen Schuhen.

Mir ist der Appetit vergangen!

Amazing
(engl. Staunen)

Ich bin erstaunt: Ein prüfender Blick auf mein Konto präsentiert mir zwei Abbuchungen eines bekannten Online-Buchhandels. Wieso *zwei?* Zugegeben: Ich habe *ein* Buch bestellt.

Ohne ins Detail gehen zu wollen; es gehört in den Bereich ‚dringende Lebenshilfe' und war auch nicht teuer. (Ja, ich weiß … unnötig … blabla … papperlapapp!) Jetzt lasst mich doch gefälligst mal ausreden!

Da ich großes Vertrauen in den besagten Shop setze, lasse ich dort die Beträge abbuchen, um mir den lästigen Vorgang der Überweisung zu ersparen. Bisher gab es damit auch keinerlei Probleme. Betonung auf ‚bisher' – denn die zweite Lastschrift erschließt sich mir auch nach längerem Überlegen nicht.

Kurzerhand logge ich mich in meinen Emailaccount ein, um die entsprechende Bestellbestätigungsnachricht zu suchen. In Ermangelung diesjähriger Onlinekäufe finde ich sie sofort. In der Regel ignoriere ich diese übermäßigen Mitteilungen, die den Besteller jeweils lückenlos über den Eingang der Bestellung, deren Bearbeitungsstand sowie den Versand- und Bezahlstatus informieren. Lästig! Schließlich weiß ich ja, was ich ordere.

Anscheinend nicht! Verblüfft sehe ich einen weiteren Artikel aus der Gebraucht-Abteilung, welcher sich – bereits bezahlt – ebenfalls auf dem Weg zu mir befindet. Ich kenne dieses Buch gut, da es mein eigenes ist, welches vor über zwei Jahren veröffentlicht wurde.

Einige Wochen zuvor fiel mir zufällig auf, dass es als gebrauchtes, handsigniertes Exemplar recht günstig auf dem Markt ist. Vergeblich habe ich damals versucht, den Verkäufer zu entlarven – wollte doch mal wissen, wem das Buch so gut gefallen hat, dass er es jetzt bereits so preiswert verscherbelt. Leider ließ sich das nicht in Erfahrung bringen.

Doch der Online-Shop vergisst nichts! Offenbar war der Artikel inzwischen auf einer Art Wunschliste für spätere Einkäufe gelandet und hat sich sozusagen selbst aktiviert. Ich habe das beim Bestellvorgang wohl übersehen. Der Verkäufer lacht sich jetzt sicher kaputt über die

Autorin, die ihr eigenes Buch vom Leser zurück kauft. Egal! Da meine Restexemplare fast vergriffen sind, kann ich es gut für die demnächst anstehende Autorenveranstaltung gebrauchen. Erfreulicherweise ist es in einem einwandfreien Zustand.

Meine weitere Recherche zeigt, dass sich auf meinem Kundenkonto tatsächlich bereits wieder ein Buch, das ich aus dem Warenkorb entfernt hatte, in der Warteschleife bis zur nächsten Bestellung befindet. Da muss man wirklich höllisch aufpassen!

„A shower to the left – a shower to the right …“

(aus ‚Traumschiff Surprise‘)

Pröbchen

An der Kasse des Drogeriemarktes steht ein Körbchen mit Duschgel-Pröbchen. Pling!!! Das ist es! Ich nehme unverschämterweise direkt zwei mit nach Hause.

Dort durchsuche ich das Badezimmer und finde in den hintersten Ecken der Schränke und in diversen Behältnissen eine stattliche Anzahl an Testmustern in Form von Minizerstäubern, Tübchen, Tütchen und Tiegelchen. Wenn ich die alle benutze, reicht das ungefähr für drei Wochen. Ich platziere die bunte Sammlung griffbereit.

Der Herrenduft, den ich aus Versehen aufsprühe, verleiht mir eine holzig-herbe Note. Jedenfalls besser als der ranzige Geruch des Olivenöl-Bio-Duschgels, der sich an mir und im Badezimmer für Stunden regelrecht festsetzt. Das wasserfeste Make-up verleiht meinem eher blassen Teint eine schöne, braune Tönung. Dem Kragen meiner weißen Bluse ebenfalls. Nach kurzer Zeit stellt sich ein leichter Juckreiz ein.

Leider finde ich auch nach längerer Suche keine Hautcreme gegen den Ausschlag im Wangenbereich. ‚Drei Wochen‘ war gut geschätzt.

Juli

„Ach, Emilia, ich möchte so gerne kaufen und darf nicht."

„Hast du mal über klauen nachgedacht?"

Bergfest

Es ist vollbracht: Das erste halbe Jahr ist überstanden und ich lebe noch. Meine psychische Verfassung gerät jedoch langsam in den therapiebedürftigen Bereich. Glaube ich jedenfalls.

‚Bergfest' ist ein treffender Ausdruck, den ich von Mitreisenden im letzten Bulgarien-Urlaub gelernt habe, als die erste von zwei Wochen *um* war. Wir begingen diesen Feiertag mit dem besten Abendessen während unseres gesamten Aufenthalts. Außerhalb der Hotelanlage, für kleines Geld an der Strandpromenade; versteht sich. Noch heute läuft mir beim Gedanken an diese schmackhafte Mahlzeit (nach sieben Tagen voller undefinierbarer, meist brauner Gerichte) das Wasser im Mund zusammen. Dazu ein großes, kühles, schaumiges Bier für einen ‚Lev', wie sympathischerweise die Landeswährung heißt – hmm.

Die ersten Herbstkataloge treffen ein und machen mich wütend. Überall wird der Sommerschlussverkauf angekündigt. Die momentan bevorzugte Schaufensterbeschilderung ist rot und schreit ‚*Sale*'. Hatten die den Schlussverkauf nicht abgeschafft? Was soll das? *Ich will kau-*

fen! Wenn meine Schwester oder Freundinnen mir von ihren neuesten Shopping-Erfolgen berichten wollen, halte ich mir die Ohren zu und singe laut.

„Lalalalala …“ Aus dem näheren Umfeld kommen immer mehr mitleidige Bemerkungen, tröstende Worte und ungläubiges Staunen, weil ja noch die ganze zweite Jahreshälfte vor mir liegt. Von „Komm schon, ein halbes Jahr ist mehr als genug“ über „Für das Buch genügen doch sechs Monate Abstinenz“ bis hin zu „Darf ich dir wenigstens etwas schenken?“ reichen die Kommentare aus dem Freundeskreis. Bestimmt wird in meiner Abwesenheit über mich gelästert.

Ist mein Verhalten vielleicht zwanghaft? Bin ich doch kaufsüchtig? Ich habe richtiggehend Heißhunger auf Shoppen; wieso höre ich also nicht einfach auf mit der Konsumdiät? Aus Angst vor dem Jojo-Effekt? Wie bei einer *richtigen* Diät hilft wohl nur eine langfristige Umstellung meiner Gewohnheiten. Und glauben Sie mir, zweimal sechs Monate können unendlich langfristig sein. Aber ein bisschen stolz bin ich schon, bis jetzt nahezu hundertprozentig durchgehalten zu haben.

Das Bergfest – oder besser gesagt die Halbzeit – feiere ich ganz für mich allein mit einem Piccolo.

Niemand versteht mich.

„Das Mädchen zwängte den Fuß in den Schuh, verbiss den Schmerz und ging heraus zum Königssohn."

(Gebrüder Grimm)

Ruckedigu, ruckedigu, Blut ist im Schuh

Der Schuh ist zu klein … Nach einer Befragung in meinem direkten Umfeld bin ich beruhigt. Alle meine Freundinnen haben Exemplare im Schrank, die den Begriff ‚Schraubstock' verdienen. Vielleicht nicht so viele wie ich, aber ich mache diese Konsumdiät ja nicht ohne Grund.

Wann ist denn nun die richtige Tageszeit für einen Schuhkauf? Wann befinden sich die Füße in ihrer optimalen Form? Theoretisch sollte man die Morgenschuhe morgens tragen und die am Abend gekauften nur abends. Das müsste dann passen. Ein kleiner Vermerk auf dem jeweiligen Schuh könnte weiterhelfen, ist aber im Nachhinein unmöglich.

Die chirurgische Methode, die Aschenputtels Stiefschwestern einst anwandten, halte ich für zu drastisch. Vor allem, da hier weder ein Prinz noch ein Königreich im Spiel ist.

Doch wie löse ich nun das Problem mit meinen Probierschuhen? Das sind die, die bereits auf dem Weg vom Schuhschrank bis zur Haustür derartige Schmerzen verursachen, dass ich sie mir direkt wieder vom Fuß zerre. Also stehen sie wunderschön und praktisch nagelneu im Schrank – und sind genau aus diesem Grund zu schade zum Wegwerfen. Paradox.

Heute sind es die pinkfarbenen Ballerinas, die farblich so wunderbar zu meiner Bluse passen könnten – wenn sie denn passen *würden*. Todesmutig nehme ich mir vor, sie zu tragen. Bitte beachten Sie die Überschrift dieses Kapitels. Nach meiner Rückkehr vom Einkaufen im fünfhundert Meter entfernten Supermarkt treten sie ihren letzten Gang an. In die Tonne. Ich nehme ein kaltes Fußbad.

Und mein neues Vorhaben hat soeben begonnen: Jeden Tag wird nun ein Paar Schuhe auf Tragbarkeit und Alltagstauglichkeit getestet. Mein Sohn freut sich schon darauf, mich im Hochsommer in Winterstiefeln herumlaufen zu sehen. Junge, du warst doch bei der Inventur dabei. Wir reden hier über einen Zeitraum von über zwei Monaten. Nicht eingerechnet sind die eventuell nötigen Pausen aufgrund schwerer Nebenwirkungen.

Gleichzeitig teste ich aus gegebenem Anlass die Eigenschaften der diversen im Handel erhältlichen Blasenpflaster, ohne die ich momentan das Haus nicht mehr verlasse.

„Hallo, Angelika."

„Du Arme, komm doch rein."

Schmuckparty

Es ist soweit: Heute findet die besagte Schmuckparty im gemütlichen Wohnzimmer meiner Freundin Angelika statt. Bewaffnet mit einer Flasche Sekt begebe ich mich todesmutig in die Höhle des Löwen. Der Tisch ist schön eingedeckt und es gibt leckere Snacks. Leider sind wir an diesem Abend nur zu viert. Das beunruhigt mich, denn so fällt es natürlich richtig auf, wenn ich nur dekorativ in meiner Sofaecke sitze, ohne mir zwischendurch eifrig Kaufnotizen zu machen.

Die Schmuckstücke, die in großer Zahl herumgereicht werden, sind teilweise wirklich wunderschön – aber eben auch kostspielig. Doch das Verkaufskonzept geht auf. Viele dieser Direktvertrieb-Käufe geschehen mit Sicherheit nur, weil man sich als großzügig bewirteter Gast der Gastgeberin irgendwie verpflichtet fühlt. Wir kennen uns erfreulicherweise schon sehr lange und sowohl Angelika als auch die Verkaufsberaterin sind über mein Projekt informiert. Was sie und die anderen Gäste nicht davon abhält, mit mir über die Notwendigkeit des Erwerbs von Schmuck zu diskutieren.

Doch ich habe vor der Party einen langen Blick in meinen recht vollen Schmuckkasten und auf die bereits beschriebene Kettenleiste im Kleiderschrank geworfen und bin mental bestens gerüstet. Aus Platzgründen lehne ich einen Kauf bedauernd ab. Den Hinweis, dass ich ab Oktober Schmuckstücke für das kommende Jahr vorbestellen kann, nehme ich dankend zur Kenntnis.

Das Set, welches mir aus der aktuellen Kollektion am besten gefällt, schlägt mit knapp dreihundert Euro zu Buche. Auch wenn das niemanden mehr interessiert: Das sind *sechs-hun-dert Mark!* Seufz, ein bisschen erleichtert bin ich schon, dass die Konsumdiät mir die Entscheidung heute abnimmt.

Für meine Freundin tut es mir leid, denn als Gastgeberin erhält sie eine Provision in Form von Schmuckstücken, deren Höhe sich aus dem Partyumsatz ergibt. Der ist jedoch auch ohne meine Beteiligung ziemlich gut.

Eine aus unserer fröhlichen Runde verpflichtet mich vorausschauend und hoffnungsvoll als Gast für ihre Party direkt Anfang Januar.

„Kirsten, ich will neue Sachen haben!“

„Dann lass dir was schenken. Ein Anlass findet sich immer.“

Namenstag

Meine Schwester ist ein Schatz. Kurz nachdem ich ihr in einem Anfall von Verzweiflung mein wehes Herz ausgeschüttet habe, ruft sie mich freudig zurück:

„Britta, du glaubst es nicht. Ich habe im Internet gesucht. Du hast bald Namenstag.“

Da dies als Fest in unserer Familie bisher nicht gefeiert wurde, habe ich darüber keinerlei Informationen. Doch: Ich erinnere mich, dass meine Großtante mütterlicherseits nicht ihren Geburtstag, sondern den Namenstag feierte. So entging sie natürlich in erster Linie der Frage nach ihrem aktuellen Lebensalter.

Mein Chef, dem ich von dem neuen, großen Feiertag berichte, reagiert erwartungsgemäß spontan falsch:

„Sie wollen doch wohl nicht andeuten, dass ich Ihnen etwas schenken soll, oder? Außerdem ist Namenstag nur etwas für Katholiken."

Ich bin zwar schon vor langer Zeit aus der Kirche ausgetreten, aber katholisch bleibt man für immer.

„Ich lebe christlich!"

Herr Mähler lacht hämisch.

„Außerdem ist Ihr seltsamer Vorname mit Sicherheit nicht katholisch."

Der Mann hat keine Ahnung.

Die Tatsache, dass ich nur einen Namen habe, ist natürlich mehr als ärgerlich. Was haben meine Eltern sich bloß dabei gedacht? Wie einfallslos. Jeder halbwegs Adelige benötigt eine Anlage zum Personalausweis für die zahlreichen hochwohlgeborenen Vornamen. Selbst Pippi Langstrumpf kann sich nicht beklagen. Ich begebe mich umgehend auf Spurensuche ins weltweite Netz.

Mein Name – Britta – ist keltisch, eine Ableitung von Birgitta und bedeutet ‚die Erhabene'. Das war mir bisher nicht bekannt und ich merke, wie ich um circa zehn Zentimeter wachse. Erhaben! Über alle Kaufangebote und Werbeverführungen. Das ist es!

Zurück ins *worldwide web*: Nach kurzer Suche – schließlich bin ich bei der Arbeit – kann ich in meinen Kalender fünf verschiedene Daten als Namenstage eintragen. Drei habe ich leider inzwischen verpasst, aber in diesem Jahr stehen noch der 23. Juli und der 8. Oktober als Feiertage an. Ich beschließe spontan eine groß angelegte Feier und bin sogar bereit, dafür Kuchen zu backen.

Einige Tage später bekomme ich von meiner liebsten Schwester überraschenderweise einen wunderschönen Ed-Hardy-Seidenschal geschenkt. Einfach nur so – ohne bestimmten Anlass.

Das Leben ist schön.

„Herr Mähler, jetzt mache ich erst einmal Urlaub."

„Urlaub von der Konsumdiät?"

Urlaub

Unser Abflugtermin zu einem zweiwöchigen Aufenthalt in der Türkei rückt unaufhaltsam näher. Am liebsten würde ich zuhause bleiben. Es gibt doch so viel zu tun. Mein Mann lacht mich aus.

„Du hast bloß Angst vor den tollen Läden in Side und dem Markt in Manavgat."

Wo er Recht hat ... Ein ungeeigneteres Urlaubsziel hätten wir uns nicht aussuchen können. Doch für Ferien auf dem Bauernhof waren meine Männer erwartungsgemäß nicht zu begeistern.

Wie eingangs erwähnt stehe ich taschenmäßig auf Luxusmarken, die man in der Türkei unglaublich günstig erwerben kann. Auch diverse andere Accessoires exklusiver Labels gibt es dort an jeder Straßenecke zu unsagbar günstigen Preisen.

„Really original!" Ich liebe diesen Satz, der einem dort mehrsprachig zugerufen wird.

Ach, was soll's? Ich werde den Urlaub auch ohne Shoppingexzesse genießen können. Fünf-Sterne-all-inclusive – da wird das Einkaufen zur Nebensache. Leckere Cocktails und landestypisches, türkisches Essen in einer Hotelanlage mit Pool direkt am Meer. Das lässt sich aushalten.

Vorsichtshalber stecke ich nur einen geringen Bargeldbetrag sowie die Kreditkarte für den Notfall ein. Mein Mann nimmt mich neuerdings offenbar nicht mehr ernst:

„Meinst du, wenn *ich* das Geld im Portemonnaie habe und bezahle, dass das dann nicht zählt?"

Ignorant!

„Schatz, ich kaufe dieses Jahr im Urlaub *nichts* für mich. Meine Einkäufe werden sich auf ein paar Mitbringsel für Familie und Freundinnen beschränken." Mein Gefühl sagt mir, dass mein Mann dem Braten nicht traut. Er wird schon sehen. Mein Sohn schrammt knapp an meinem totalen Liebesentzug vorbei mit der Aussage:

„Mama, ich freue mich jetzt schon darauf, wenn wir zusammen durch Side bummeln. Du wirst weinen, glaub mir.“

So ist das also … mein eigen Fleisch und Blut.

Als wir am Flughafen in Antalya auf unsere Koffer warten, überlege ich, wie viel die Fluggesellschaft wohl für ein verlorenes Gepäckstück zahlt. Shopping unlimited mit der Hoffnung, dass der Koffer nach einer internationalen Irrfahrt irgendwo unversehrt wieder auftaucht.

Nein, besser nicht. Auf diese Scherereien habe ich im Urlaub wirklich keine Lust. Da hinten kommt mein Köfferchen auch schon angerollt. Neunzehn Kilo Sommerfeeling – zwei Liter Sonnenschutz und ein knappes Dutzend Taschenbücher inklusive.

Endlich Urlaub!

„Schatz, hatte ich schon erwähnt, dass gestern mein Namenstag war?“

„Ungefähr dreißigmal.“

Erholung pur

Die ersten Tage lassen wir es ruhig angehen. Wir orientieren uns in der schönen und sauberen Hotelanlage, gewöhnen uns an die Hitze und leben uns langsam ein. Nach ein paar Tagen überreden meine Männer mich zu einem kleinen Stadtbummel. Na gut …

Mit dem Dolmus, einem kleinformatigen, öffentlichen Verkehrsmittel, erreichen wir Side und flanieren an den Ruinen vorbei in Richtung Fußgängerzone. Im zweiten Taschenladen ist es um mich geschehen. Der Klassiker von Tod’s steht dort in zwei Größen und gefühlten zwanzig Farbtönen in Reih und Glied im Regal. Mal ganz unverbindlich anschauen … anfassen … echtes Leder in hochwertiger Verarbeitung. Edel. Ein Verkäufer ist bereits auf uns aufmerksam geworden.

Nun kann auch mein Mann sich nicht mehr halten. Ich bin sicher, dass er in einem früheren Leben ein orientalischer Händler war. In türkischer Sprache verhandeln die beiden über die Handtasche in dezentem Grau und ein farblich passendes Chanel-Portemonnaie, ohne auf meine halbherzigen Einwände Rücksicht zu nehmen.

Nach zähem Feilschen und einem Granatapfeltee wechselt ein Geldschein den Besitzer und mein Schatz drückt mir mit triumphierendem Blick eine überdimensionale Papiertüte in die Hand. Wir einigen uns darauf, dass es sich dabei um mein nachträgliches Namenstagsgeschenk handelt.

Davids Kommentare zu dieser Aktion möchte ich an dieser Stelle unterschlagen. Er bekommt zwei coole G-Star-Shirts und eine Wasserpistole und gibt schließlich Ruhe.

Für sich selbst kauft mein Mann übrigens grundsätzlich nie nachgemachte Designersachen – sogenannte *Fakes*. Was sicher nur dazu dient, mein schlechtes Gewissen ihm gegenüber in Schach zu halten. Auf seine scheinheiligen Bemerkungen wie zum Beispiel:

„Schatz, meinst du, ich darf mir ausnahmsweise mal eine winzige Schachtel Zigaretten kaufen?“, reagiere ich schon gar nicht mehr.

Zu einer, wie Herr Mähler (Hilfe! Ich denke im Urlaub an meinen Chef!) sagen würde ‚offensichtlichen Ersatzhandlung wegen der Konsumdiät‘ kommt es am darauf folgenden Tag.

Es beginnt damit, dass ein weiß gekleideter, attraktiver, junger Mann mich aus meinen Tagträumen sowie aus meinem Liegestuhl reißt und mir eine kostenlose Probemassage anbietet. Zwanzig Minuten und eine Massage später halte ich ein Kärtchen mit einem Termin für eine einstündige Ganzkörper-heißer-Stein-Aroma-Behandlung in der Hand. Vierzig Euro sind für Bebettos selbsternannte ‚Diamanthände‘ doch ein Schnäppchen.

In der Tat werde ich am nächsten Tag nicht nur ordentlich durchgeknetet. Nach einer chiropraktischen Anwendung fühle ich mich wie neugeboren. Die Nackenblockade nebst Schmerzen ist verschwunden und mein Kopf wieder frei beweglich. Von wegen Diamanthände – das Wort *Platin* beschreibt es viel besser.

Zu einer weiteren zitierten ‚Ersatzhandlung wegen selbstauferlegten Kaufverbots' kommt es freitags. Dabei handelt es sich bei meinem Friseurbesuch eher um einen Notfall: Der Haarschnitt, den ich mir vor dem Urlaub noch habe machen lassen, stimmt irgendwie nicht. Alle Versuche, mit oder ohne föhnen eine schöne Frisur hinzubekommen, scheitern. Das Wort *Brioche* beschreibt den gewölbten Zustand auf meinem Oberkopf perfekt. Unten herum ist mein Haar nach außen hin fransig. Ich bin unglücklich, was mein Sohn mit dem Satz:

„Hier kennt dich doch sowieso keiner." kommentiert.

Als ich meinen Mann, der grundsätzlich ohne Rasierzeug in die Türkei reist, zum Hotelbarbier begleite, lande ich in den Fängen des Damenfriseurs Mahlouf. Der Beginn einer wunderbaren Freundschaft. Ehe ich die Flucht ergreifen kann, liege ich bereits mit warmen Handtüchern bedeckt in einem Frisierstuhl.

„Schlafen!", lautet der Befehl, dem ich gehorsam Folge leiste.

Beim Blinzeln sehe ich, wie Mahlouf eine Schnur zur Hand nimmt um damit meine Augenbrauen in Form zu bringen. Danach besteht er drauf, den verbliebenen Rest dunkel zu färben. Einer Warmwachsbehandlung meines Gesichtes kann ich erfolgreich widersprechen.

Nun sind wir endlich am eigentlichen Punkt meines Aufenthaltes in Mahloufs Minisalon angelangt. Der Friseur ergreift erst die Schere und dann eine Haarsträhne. Meine Antwort auf seine Frage nach der gewünschten Länge (oder besser gesagt Kürze) wartet er gar nicht erst ab. Schnitt. Die Frau, deren Augen mich unter dunklen Balken im Spiegel entsetzt anschauen, resigniert und überlässt sich dem (hoffentlich!) Fachmann.

‚Kurz' beschreibt wenig später das Resultat meiner Sitzung am besten. Für die Rundumerneuerung zahle ich zwanzig Euro und mache mich zögernd auf den Weg zu unseren Liegestühlen. Wider Erwarten ist mein Mann sichtlich begeistert. Nur die Augenbrauen Marke *Balken* gefallen ihm nicht. Meine spontane Idee, diese hinter einer neuen, großen Designersonnenbrille zu verstecken, werde ich im Hinterkopf behalten. David kehrt irgendwann aus dem Pool zurück und fragt grinsend:

„Wer ist diese fremde Frau, die den Badeanzug meiner Mutter trägt?“

Jetzt habe ich noch anderthalb Wochen Zeit, mich an den neuen Look zu gewöhnen, der sich im Übrigen als absolut pflegeleicht erweist.

Die zahlreichen Taschenbücher, die ich in diesem Urlaub gelesen habe, werde ich auch diesmal nicht wieder mit nach Hause nehmen. Am Abreisetag lasse ich sie gewöhnlich im Hotelzimmer liegen. Oft gibt es in der Nähe der Rezeption einen Schrank oder eine Bücherecke für diesen Zweck. In diesem Haus leider nicht. Der Platz, den mein Lesestoff auf der Hinreise eingenommen hat, wird nun für die Mitbringsel benötigt. Als geübte Touristin kenne ich alle diese Tricks. Auch angebrochene Duschgels und Shampoos (dank Rossmann günstig erworben) werden vor Ort herrenlos zurückgelassen.

Erfreulicherweise hält die obligatorische Luftmatratze aus dem Hotelshop auch in diesem Urlaub genau zwei Wochen. Pffft …

August

Seltenheitswert

Die Zeit vergeht wie im Fluge. Den Beginn des neuen Monats habe ich tatsächlich verpasst. Jetzt liegen lediglich noch 120 entbehrungsreiche Tage vor mir. Wir befinden uns noch immer in der Türkei und leben dort in den luxuriösen Tag hinein. Eine leichte Sonnenallergie zwingt mich zur örtlichen Apotheke und einer Ausgabe im unteren zweistelligen Bereich.

Nebenan befindet sich ein Kiosk und in diesem mein Verderben. Ein Eau de Parfum mit dem Namen „Chanel Chance Black" wartet dort nur auf mich. Ich vermute, dass Monsieur Jacques Polge, der langjährige Parfumeur des Hauses Chanel, noch gar nichts über dessen Existenz weiß. Diese Variante im schwarzen Flacon gibt es meines Wissens im Original nicht, was sie für mich umso interessanter macht. Die Reiseleiter warnen jedoch immer vor dem Kauf solcher Produkte und deren möglicher Auswirkungen auf die Haut.

Ich teste die Flüssigkeit auf dem Arm meines Sohnes. Die Kopfnote riecht angenehm. Später wird sich herausstellen, dass eine Herznote gänzlich fehlt, da der Duft sich innerhalb kürzester Zeit verflüchtigt. Davids Arm zeigt erfreulicherweise keine spontanen Reaktionen. Der Preis ist mit 3,50 Euro für einhundert Milliliter ein Witz.

Leute, wir reden hier von *Chanel!*

Dies ist zugegeben die bisher unnötigste Ausgabe des ganzen bisherigen Jahres!

„Schatz, ich muss noch ein paar Mitbringsel für meine Freundinnen einkaufen."

„Ha, ha, ha, ..."

Urlaub – zweiter Teil

In unserer zweiten Urlaubswoche machen wir einen erneuten Abstecher in die Fußgängerzone von Side. Diverse pharmazeutische Artikel für den Bekanntenkreis und natürlich die üblichen Souvenirs für Verwandte, und diesmal auch Freundinnen, wollen besorgt werden.

Den Kauf der Mitbringsel nehme ich in diesem Jahr ganz besonders wichtig. (Ja, Herr Mähler, ich weiß, was Sie jetzt sagen würden.) Wir erstehen zwei Handtäschchen der Marke ‚George, Gina & Lucy', drei Schals von Luis Vuitton und von demselben Luxuslabel ein paar Kleinaccessoires wie Mäppchen, Schlüssel- und Handyanhänger. Dem fragenden Blick meines Mannes weiche ich geschickt aus.

„Wem willst du das ganze Zeug denn überhaupt mitbringen?", lautet seine indiskrete Frage. Mehr als:

„Das überlege ich mir noch", fällt mir in dem Moment nicht ein.

Hat der Mann keine anderen Sorgen? *Kümmere dich lieber darum, die Preise ordentlich runterzuhandeln.*

Meine Freundinnen freuen sich nach unserer Rückkehr sichtlich über ihre Geschenke. Zwei Anhänger, eine kleine GG&L-Tasche und ein Tuch sind noch übrig. Da muss ich mich zahlenmäßig wohl ein wenig verkalkuliert haben. Vorübergehend werde ich diese Dinge in Gebrauch nehmen.

Von der Tasche fällt bereits beim zweiten Tragen diverser Schnickschnack ab. Wie peinlich, wenn ich die jemandem geschenkt hätte.

Ab nächstem Jahr werde ich mein Geld ausschließlich für wenige hochwertige statt viele billige Sachen ausgeben. Wenn ich jede Ausgabe genau abwäge und vorhandene Dinge durch hochwertigere ersetze, gebe ich immer noch weniger aus, als in der Zeit vor der Konsumdiät.

„Kirsten, wie findest du diese Bluse?“

„Dazu fällt mir der Satz ein: ‚Großmutter, warum hast du so große Zähne?‘“

Weg damit!

Ob es eine gute Idee war, die geplante Kleiderschrank-Total-Entrümpel-Aktion ausgerechnet mit meiner Schwester durchzuführen? Ist mein Stil vielleicht zu konservativ? Ihre direkten Kommentare sind für mich nicht immer erfreulich.

Die erwähnte Bluse ist schon älter, aus rosafarbener, in sich gemusterter Seide und hängt seit mehreren Jahren ungetragen im Schrank. Neben ihr trenne ich mich schweren Herzens von einigen Schrankhütern und Altlasten. Beim Anprobieren der Jacken fällt auf, dass viele die nahezu gleiche Farbe haben und sich im Schnitt ebenfalls kaum unterscheiden. Es ist schon bedenklich, wie viel Geld ich so unnötigerweise verschleudert habe. Hier machen wir einen radikalen Rundumschlag.

Der bereitstehende Wäschekorb füllt sich zusehends mit neuwertigen Sachen, die vielleicht noch jemand haben möchte. Im Altkleidersack landen zahlreiche Klamotten, die man niemandem mehr anbieten kann. Nach drei Stunden habe ich unzählige Kleidungsstücke anprobiert und sie dem knallharten Urteil meiner Schwester ausgesetzt. Von einigen Dingen ist sie richtig begeistert und nicht nur sie fragt sich, warum sie die noch nie an mir gesehen hat.

Zwischendurch verirren sich meine Männer neugierig ins Schlafzimmer und sparen ebenfalls nicht mit lockeren Sprüchen.

Eine weitere Stunde später haben wir die Oberteile geschafft. Der Hunger hindert uns daran, mit den Hosen und Röcken weiterzumachen. Die traue ich mir alleine zu, weil es nicht ganz so viele Teile sind.

Beim Italiener lassen wir es dann richtig krachen und feiern den erfolgreichen Abschluss der Aktion. Meine Schwester lädt mich zum baldigen Gegenbesuch ein. Auch ihre Schränke platzen aus allen Nähten.

So wie ich, wenn ich tatsächlich noch dieses leckere Tiramisu esse.

„Mama, was bedeutet eigentlich SSV?“

„Sehr – sehr – verzweifelt!“

SSV

Der Sommerschlussverkauf, der meines Wissens offiziell gar nicht mehr existiert, hat während unseres Urlaubs stattgefunden. Praktisch, denn so war ich außerhalb der Gefahrenzone. Doch als ich nach unserer Rückkehr durch die Rathausgalerie schlendere, hängen in nahezu allen Schaufenstern noch grelle Angebotsschilder. Ich will kaufen! Der kleine Dämon in meinem limbischen System lässt mir keine Ruhe.

Wie eine Katze auf Beutesuche schleiche ich um die Kleiderständer. Meine Pfoten stecken in bequemen schwarzen Mokassins, die ich beim Aufräumen im Keller gefunden habe.

Nur eine klitzekleine Kleinigkeit …

Aber gerade die Kleinigkeiten sind meist am unnötigsten. Acht Monate! Inzwischen bin ich soweit, dass ich Kleidungsstücke zumindest anprobiere. Wie ein Nichtraucher, der die Zigarette zwischen den Lippen balanciert, ohne sie anzuzünden. Welcher Raucher schafft einen derartigen Entzug? Wie viele Abnehmwillige halten ihre Diät so lange durch?

„Herr Mähler, ich habe Gürtelrose."

„Ah, inzwischen rebelliert sogar Ihr Körper gegen die Konsumdiät."

Wenn die Nerven blank liegen

Meine Hausärztin irrt: von wegen Windpockenvirus. Ich weiß es besser: Die diagnostizierte Gürtelrose, die einen winzigen Teil meines Oberkörpers befallen hat, wurde niemals durch Kinderkrankheitserreger hervorgerufen. Sie ist vielmehr eine längst überfällige psychosomatische Reaktion meines Körpers auf die unmenschliche Enthaltsamkeit, die ich mir selbst auferlegt habe.

Mein Chef ist zwar kein Arzt, aber derselben Ansicht. Ich leide! Die Nervenschmerzen sind sicher die Strafe für meine Konsumverweigerung. Eine Bekannte bestätigt mir, dass dieser schlummernde Virus oft durch Stress geweckt wird, und dann nicht unerhebliche Schmerzen verursacht. So weit ist es also mit mir gekommen.

Ob der Kauf eines Kleidungsstücks den Heilungsprozess beschleunigen wird? In einem Modemarkt schnappe ich mir ein graues Langarmshirt mit Paisley-Verzierungen. Der Preis ist auf zehn Euro heruntergesetzt. Mein Sohn nimmt auf dem Hocker in der riesigen Umkleidekabine Platz und beschließt eine kleine Verschnaufpause. Bevor ich das Shirt überziehen kann, ruft mein Begleiter einen Hauch zu laut:

„Mama, ich sehe deine Gürtelrose."

Gott sei Dank hat es niemand mitbekommen. Bin ich ansteckend? Eher ja. Fast hätte ich fremdes Eigentum kontaminiert. Unverrichteter Dinge verlasse ich mit gesenktem Kopf das Geschäft.

Ein großer Eisbecher tut es zur Freude meines Sohnes auch.

Fromme Wünsche

David möchte seine Star-Wars-Sammlung erweitern und hat sich etwas Geld zusammengespart. Ich begleite ihn in die Stadt. Während er die Spielwarenabteilung der Galeria Kaufhof aufsucht, schaue ich mir noch einmal das reduzierte Kleid an, das mir seit Wochen keine Ruhe lässt. Mein Notfallgutschein reicht leider nicht. 69,00 Euro. Ach, wahrscheinlich ist es sowieso zu eng.

Um das Teil endgültig aus meinem Kopf zu verbannen, probiere ich es an – und es passt wie angegossen. Mist! Jetzt habe ich genau das Gegenteil von dem erreicht, was ich wollte. Ich liebe es! Ich will es! Heimlich kaufen kann ich es nicht, mein Sohn würde das niemals für sich behalten. Ich hänge meinen Traum in Karamell und Fuchsia traurig zurück auf den Bügel und mir bleibt fast das Herz stehen, als ich auf das Etikett schaue: Nochmal reduziert auf 49,00 Euro! Bingo!

Energisch und unter dem Protest eines missgünstigen Kindes, marschiere ich zur Kasse – und lasse es dort auf den Namen meiner Eltern für ein paar Tage zurückhängen. Jetzt muss ich die beiden nur noch davon überzeugen, es mir zu meinem Geburtstag in drei Monaten zu schenken. Fünfzig Euro ist seit Jahr und Tag der Betrag, den jedes von uns Kindern und Schwiegerkindern bekommt.

David trägt zufrieden sein Legopaket nach Hause und ich meinen Reservierungszettel. Happy Birthday?

„Herr Mähler, ich weiß schon, was ich von meinen Eltern zum Geburtstag bekomme.“

„Setzen Sie jetzt schon Strohmänner ein?“

September

Laut Gesellschaft für Konsumforschung sind die Deutschen wieder kauffreudiger. Ich schalte das Radio aus. Wer will sich denn solch einen Mist anhören?

„Heilig's Blechle."

Isny

Am Wochenende fahre ich für ein paar Tage meiner Freundin Angelika ins Allgäu hinterher. Sie besucht dort die Sommerakademie eines berühmten Malers und wir wollen zusammen ein paar schöne Tage verbringen. Während sie tagsüber malt, werde ich an meinen Buchprojekten weiterarbeiten.

Bereits die Zugfahrt lässt mich ahnen, dass in Isny noch einiges auf mich zukommen wird. Direkt der erste Zug hat wegen technischer Probleme Verspätung, so dass ich meinen Anschluss in Mannheim verpasse. Ein netter Schalterbeamter sorgt jedoch ganz unbürokratisch dafür, dass ich eine Reservierung in einem anderen Zug bekomme, den ich nur wegen dessen Verspätung überhaupt nutzen kann und so meinen dritten Anschluss mit etwas Glück pünktlich erreiche.

Ssänk ju for träwwelling wiss Deutsche Bahn!

Meine Freundin holt mich am Bahnhof ab. Sie führt mich durch einen sehr urigen Kurort, zeigt mir das Schloss, die Stadtmauer und viele kleine, mit Enten und Schwänen bevölkerte Gewässer. Es gibt einen schön angelegten Kurpark zum Spazieren gehen und eine Fußgängerzone mit viel zu vielen kleinen Geschäften. Wäre ich doch zuhause geblieben.

Am ersten Tag beschränken sich meine Ausgaben auf Ansichtskarten und ein deftiges Käsepaket für meine Familie, das man direkt ab Laden per Post verschicken kann. Der Gedanke an den armen Boten, der dieses *duftende* Päckchen in seinem Wagen transportieren muss, sorgt für ausgelassene Stimmung.

Der Weichkäse mit Namen ‚Gepfeffertes Ärschle' verströmt in der Tat einen mehr als würzigen Duft. Lecker!

Das Wetter ist sommerlich und wir verabreden uns am zweiten Tag zur Mittagspause in einem Restaurant. Auf dem Weg dorthin schlendere ich zwangsläufig an den Läden vorbei und betrete den einen oder anderen, denn ich habe noch etwas Zeit.

Tja, und nun geschieht es: Die Verkäuferin ist zu nett, die Verführung zu groß. Was das Stück Schokoladensahnetorte für jede Diät bedeutet, widerfährt mir in Form eines schwarzbraunen Strickpullunders. Ich versage mit Pauken und Trompeten und gestehe meiner Freundin verzweifelt per sofortiger SMS meinen Ausrutscher. Sie eilt mit Unterstützung einer Malkollegin herbei und ich erfahre Trost in Form von aufmunternden Worten:

„Schau mal, das ist wie wenn man während einer Diät mal über die Stränge schlägt und sich eine dreihundert-Gramm-Tafel Milka reinhaut. Die Hauptsache ist doch, dass man dann nicht aufgibt, sondern weitermacht."

Ich bleibe skeptisch. Das schlechte Gewissen rumort in meinen Eingeweiden. Mein Vorschlag, den Pullunder kurzerhand wieder umzutauschen, wird von meinen Alliierten verworfen.

„So ein Teil hast du doch noch nicht. Außerdem ist er todschick und ab morgen soll es kälter werden. Wer weiß, wofür das gut ist."

Mal abwarten, was mein Mann dazu sagt, wenn wir telefonieren. Umtauschen kann ich das Teil auch in Leverkusen. Der Laden gehört zu einer Kette. Abends bei einer Flasche Rotwein zeigt Angelika noch mehr Verständnis.

„Wenn man den ganzen Tag alleine ist, dann kommt so etwas schon mal vor.“

„Herr Mähler, ich halte das nicht mehr lange aus!“

„Dann sind Sie sozusagen ‚auf turkey‘.“

Fastenbrechen

Haben wir nicht Ramadan? Ich überlege, diese Art des Fastens auf mein Projekt zu übertragen. Einkaufen zwischen Sonnenuntergang und Morgengrauen. Ab und zu findet in Köln eine Shoppingnacht statt und das Internet hat rund um die Uhr auf. Wer jetzt höhnisch lacht soll es mir doch erst mal nachmachen.

Drei qualvolle Quartale. Ich will jetzt endlich kaufen! Meine Gedanken stolpern immer wieder über das Wort ‚Kaufsucht‘. Ist mein Zustand doch schlimmer als vermutet? Der Schokosahne-Pullunder aus Isny bringt mir Komplimente ein, die ich nicht genießen kann. Das schlechte Gewissen verhindert die Freude an dem Teil.

Nächstes Jahr werde ich wahrscheinlich meinen ersten Konsumentenkredit aufnehmen müssen. Was, wenn ich im kommenden Januar total durchdrehe? Der September ist bisher der schlimmste Monat für mich.

Eine Runde Mitleid, bitte!

„David, kaufst du deiner allerliebsten Mutter diesen Nagellack von deinem Taschengeld?“

„Nö!“

Black Beauty

War ja nur `ne Frage! Hat der Bengel etwa vergessen, dass wir ihm im Januar das Taschengeld um fünfzig Prozent aufgestockt haben? Dazu dieses fiese, teuflische Lächeln. Wie undankbar! Der Nagellack ist schwarz und sehr preiswert. Und sehr unnötig.

Mein Lieblingskind hat natürlich Recht und außerdem macht mir das Zeug auf Dauer sowieso immer die Nägel kaputt. Spätestens beim dritten Mal Nagellackentferner fransen sie mir total aus. Dann dauert es Wochen, bis meine Nägel wieder fit sind. Auch die drei Nagelstudio-Expeditionen meines Lebens habe ich allesamt bereut. War nicht mein Ding, diese dicke, künstliche Schicht auf den Fingernägeln.

Meine Nagellacke hatte ich alle entsorgt – ausgenommen einer für die Sommerzehen in Sandalen. Wieder ein paar Teile weniger und ein gutes Gefühl. Mein Sohn legt noch einen nach:

„Mama, wenn meine Nägel schwarze Ränder haben, dann flippst du aus. Aber du willst dir deine komplett schwarz malen? Du bist doch kein Vampir.“

Ein paar Tage später kaufe ich mir heimlich einen preiswerten, petrolfarbenen Nagellack. Den schriftlichen Beweis, den die Kassiererin mir zusammen mit dem Wechselgeld aushändigt, vernichte ich noch im Geschäft.

Obwohl die Farbe ziemlich ungewöhnlich ist – vor allem für mich – merkt es zuhause niemand. Ich schweige still und gehe davon aus, dass auch Herr Rossmann mich nicht verraten wird.

Die später auftretenden kaputten Findernägel sind meiner Nervosität geschuldet. Ich knibbele ständig an ihnen herum, was ich als ein Art Selbstbestrafung interpretiere.

„Herr Mähler, was soll ich machen? Helfen Sie mir gefälligst!“

„Warum legen Sie sich nicht eine multiple Persönlichkeit zu? Dann wären Sie raus aus der Nummer.“

S.O.S.

Bin ich psycho, oder was? Man könnte glauben, ich stehe kurz vor der Zwangsjacke. Nach meinem zweifelhaften Erfolg mit dem Nagellack denke ich tatsächlich darüber nach, heimlich zu kaufen. Mein Mann weiß eh nicht so genau, was ich im Schrank habe. Wenn ich auf Nachfrage einfach alles abstreite, wer will mir etwas beweisen?

Das A und O wäre Barzahlung mit sofortiger Vernichtung der Quittungen; ein Stoffbeutel statt der Plastiktüte mit Ladenlogo die perfekte Tarnung. Die jeweilige Rückkehr aus der City müsste ich dem Trainingsplan meiner Männer anpassen. Doch was mache ich, wenn mir Eingeweihte in der Stadt begegnen? Vor allem meine Freundinnen sind zu selbsternannten Wächtern mutiert, die mich im Auge behalten und immer genau nachfragen. Das ist riskant.

Bei einem Treffen mit meiner Schwester, das zufällig in der City stattfindet, setzt diese dem Ganzen die Krone auf: Als ich wehmütig einen giftgrün gemusterten Schal entdecke, dessen Preis enorm herunter gesetzt ist, und diesen – während sie etwas anprobiert – vor einem Spiegel um meinen Hals drapiere, reißt sie ihn mir aus der Hand und bezahlt ihn zusammen mit ihren Klamotten an der Kasse der Galeria Kaufhof. Sie bekommt sogar einen Rabatt darauf. Dann hält sie mir dieses knallige und wunderschöne Teil unter die Nase mit den Worten:

„So, Schwester, jetzt kannst du dir überlegen, ob du dich besser fühlst, wenn *ich* ihn dir kaufe, oder wenn *du* ihn dir *selbst* gekauft hättest.“

In dem Moment fühle ich gar nichts. Mir fehlen die Worte. Nicht mehr lange, und ich laufe durch die Fußgängerzone und quatsche die Leute an:

„Ey, haste mal en Tuch? Oder Schuhe?“

Mit meinen alten Klamotten sehe ich sowieso bald wie ein Landstreicher aus. Eine weitere Jeans hat inzwischen ihren Dienst quittiert. Zwei Paar ausgelatschte Sommerschlappen habe ich ebenfalls weggeworfen. Nächstes Jahr kann ich ja endlich neue Sachen kaufen. Und bei allen Göttern – das werde ich!

Mittlerweile blättere ich wieder Kataloge durch. Ein schwerwiegender Fehler, denn ich entdecke die ultimative und nur für mich gemachte grüne Strickjacke schlechthin. Nach Rücksprache mit meinen engsten Vertrauten erhalte ich die Absolution zum Kauf mit Gutscheinen aus meinem Notfallkoffer. Der Betrag würde passen – es handelt sich also genau genommen um ein verspätetes Geburtstagsgeschenk aus dem letzten Jahr.

Ich frage mich ernsthaft, ob einer meiner Leser es merken würde, wenn im Buch der Monat September fehlt. Ein echter Rückschlag. Meine Freundin rät mir dringend davon ab, alles hinzuschmeißen. Sie ist als Zaungast begeistert von dem Projekt und gespannt auf das Ergebnis. Antidepressiva wären eine Maßnahme.

Ich denke darüber nach.

„Britta, was rumpelt denn da oben so laut?“

„Das ‚Ent-rumpeln‘.“

Entrümpeln macht frei

Das schlechte Gewissen treibt mich auf die Barrikaden und ich lande ganz oben in unserem Haus – auf dem Speicher. Dort tobe ich mich zwei Tage lang aus, indem ich gnadenlos alle der dort gelagerten Teile der Hopp-oder-Top-Frage unterwerfe.

Karnevalsequipment, diverse Gerätschaften nebst deren Verpackungen, verstaubte Puzzles und Gesellschaftsspiele, Gepäckstücke, Plüschtiere, Kleidung, Kunst und Krempel. Jedes Stück, das ich mit Schwung durch die Bodenluke nach unten werfe, befreit mich und den Speicher.

Morgen wird die graue Tonne abgeholt, die ich bis oben hin vollstopfe. Zwei Altkleidersäcke bringe ich direkt zum Container. Das ist sicherer, als sie an die Straße zu stellen.

Vor einiger Zeit habe ich beobachtet, wie eine fremde Frau eines der von mir am Mäuerchen abgelegten Bündel mitnahm und am nächstgelegenen Container gründlich durchsuchte. Einige Teile konnte sie offenbar gebrauchen. Den Rest entsorgte sie fachgerecht. Peinlicher wäre gewesen, sie hätte die zum Teil kaputten Kleidungsstücke – nebst Unterwäsche – im Stadtteil verteilt. Also habe ich mir angewöhnt, meinen Ausschuss direkt im Altkleidercontainer zu versenken. *‚Wat fott es, es fott‘,* wie der Rheinländer zu sagen pflegt (*fott* = fort / nicht zu verwechseln mit *Fott* = Hintern).

Doch zurück zur Speicheraktion: Die verbleibenden Dinge werden neu geordnet. In einem riesigen Karton finden die unzähligen Legokartons Platz, die ich vorher vorsichtig geöffnet und gefaltet habe. Allein das bringt eine Raumersparnis von rund zwei Kubikmetern. Nachdem ich abschließend Staub gesaugt habe und mich auf dem Holzboden sitzend in dem kleinen Raum umschaue, erwacht tief in meinem Inneren riesige Freude über das, was ich geschafft habe.

Die paar Wochen Konsumdiät, die noch vor mir liegen, werde ich schaffen! Wäre doch gelacht.

Abschiedsgeschenke

Unser lieber Nachbar verlässt uns und zieht in einen anderen Stadtteil. Er verkleinert sich sozusagen, indem er von einem recht großen Haus in eine Wohnung umzieht. Seit Wochen mistet er aus und fährt eine Autofuhre nach der anderen zur Müllverbrennung.

Da er sehr belesen ist, machen Bücher einen großen Teil seines Besitzes aus, von dem er sich bis auf einige Lieblingsstücke trennen will. Mein Mann folgt der Einladung zum Stöbern und kehrt mit einem Waschkorb voller Literatur zurück. In den nächsten Tagen folgen weitere Container mit Sach- und Fachbüchern. Ein paar Romane sind dabei und vieles, was unser Sohn für sein weiteres Schülerdasein quer durch den Stundenplan vielleicht einmal gebrauchen könnte. Das war es dann wohl mit dem entrümpelten Speicher, denn die Kapazitäten unserer Bücherregale sind mittlerweile erschöpft. Ich ebenfalls! Doch beim Thema Bücher ist mein Mann nicht zu bremsen.

Mich besänftigt einzig der schwere, hellgraue Teppich mit arabischen Schriftzeichen, den wir mit drei Mann kaum vom Fleck, geschweige denn die Treppe hinauf bekommen. Dieses Abschiedsgeschenk unseres Nachbarn erhält einen Ehrenplatz in unserem Esszimmer, wo er zum Leidwesen meines Mannes die schönen Bodenfliesen komplett verdeckt. Der Teppich wird von mir konsequent gegen unsachliche Beschwerden verteidigt. Ebenso gegen die Attacken unseres verfressenen Kaninchens.

Oktober

„Zwei links – zwei rechts – zwei fallenlassen“

Ich nehme mir den Strick…

…korb. Auch wenn sowohl meine Mutter als auch meine Schwester der Meinung sind, dass es sich nur um eine alternative Methode handelt, an neue Klamotten zu kommen, suche ich meine Wolle zusammen.

An diversen Aufbewahrungsorten finde ich eine stattliche Anzahl an verschiedenfarbigen Knäueln und überlege zunächst, was ich damit anfangen kann.

Ein neuer Schal entsteht während eines langweiligen Wochenendes und beschert mir über seine wärmenden Eigenschaften hinaus ein kleines Wohlgefühl.

Ist der Kauf eines Handarbeitsheftes erlaubt? Da es sich dabei eindeutig um Weiterbildung handelt, investiere ich vier Euro und beginne mit der Herstellung eines camelfarbenen Pullunders mit schwierigem Lochmuster. Das wird mich eine Weile beschäftigen.

Als das gute Stück nach einer Woche fertig ist, bin ich enttäuscht. Der Pullunder passt zwar, sieht aber mit dem dicken Zopfmuster nicht gerade vorteilhaft aus. Alles nochmal aufribbeln und glatt rechts neu stricken? Das bringe ich nicht übers Herz. Er landet auf einem Bügel im Schrank und wird voraussichtlich bei der nächsten Kleiderschrankaktion nach ganz unten und ganz hinten rutschen.

So ist das manchmal.

Auswärtsspiel

Die deutsche Nationalelf spielt in Kasachstan und das glücklicherweise in den Herbstferien. Das kann nur eins bedeuten: Meine fußballverrückten Männer fliegen in die Nähe der Mongolei; wann hat man schon mal die Gelegenheit dazu, ein solches Land zu besuchen! Über einen Fanclub haben sie bereits vor Monaten gebucht, Visa beantragt und die Vorfreude genossen. Die Fan-Outfits nebst Zubehör liegen bereit.

Vor mir liegt ebenfalls etwas: zwei Strohwitwentage und ein Problem. Normalerweise nutze ich solche Auszeiten, um grenzenlos und ganztägig die Kölner Fußgängerzonen zu durchstreifen. Das fällt aus bekannten Gründen aus – zu frustrierend. Eine Alternative heißt Bügelwäsche, doch die fällt aus demselben Grund ebenfalls aus. So weit kommt es noch.

Natürlich meldet sich der Gedanke, dass es niemandem auffallen würde, wenn ich trotzdem shoppe. Erfahrungsgemäß treffe ich in Köln keine Bekannten – schon gar nicht mitten in der Woche. Das Problem ist der Heimweg mit öffentlichen Verkehrsmitteln innerhalb meiner Stadt. Nein, das kann ich nicht bringen. Meine Eltern würden das auf jeden Fall mitbekommen und niemals schweigen. Sie neigen zur Schadenfreude. Eine andere Alternative muss also her und zwar zügig, denn meine Männer sind schon ganz früh morgens aufgebrochen in Richtung Frankfurt Airport.

Ausschlafen funktioniert leider nicht wegen der inneren Uhr. Nach einer ausgiebigen Dusche verbringe ich die nächste Stunde mit Zeitunglesen. Eine Kanne Kaffee später mache ich mich zurecht und fahre … natürlich nach Köln. Doch eine kleine Programmänderung muss her:

Meine gesammelten Konto- und Kundenkarten bleiben ausnahmsweise zuhause. Ein paar Euro Bargeld, Handy und kleines Gepäck; das ist alles!

Ich flaniere durch die Fußgängerzonen, führe mir genüsslich weiteres Koffein zu und genieße mittags Bruschetta mit einem Glas Prosecco in der Delikatessenabteilung der Galeria.

Danach ein spontaner Abstecher zum Rhein bei dem schönen Wetter. Erstklassig! Zufrieden mache ich mich wieder auf den Heimweg.

Ein Teller Nachos con Gambas zum ausnahmsweise lieblichen, ungarischen Muskateller Weißwein und zwei sogenannte Frauenfilme am Abend auf dem Sofa machen den Tag perfekt, denn meine Männer mögen weder das eine noch das andere.

Am nächsten Morgen habe ich nicht einmal Kopfschmerzen, obwohl von dem Wein nur noch ein Rest übrig geblieben ist. Ich arbeite sogar im Büro ein paar Schreibtischleichen weg und sortiere unsere private Ablage neu. Viele Papiere landen in der blauen Tonne. Ein großartiges Gefühl!

Die Belohnung erfolgt am Nachmittag in Form meines Lieblingsparfums aus dem Duty-free-Shop, das meine allerliebsten Auswärtsfahrer für mich in Kanistergröße gekauft haben.

Einhundert Milliliter ‚Light blue' – ich möchte darin baden.

„David, muss das denn sein mit den StarWars-Karten?“

„Das verstehen niemals du wirst, Mama.“

Sternenkrieger

Erwähnt werden muss es zweifellos: *Nach* den Sammelkarten ist *vor* den Sammelkarten. Wer „CloneWars“ nicht kennt, den computeranimierten Ableger von „StarWars“, hat meiner Meinung nach nichts verpasst. Mein Sohn sieht das anders. Hier könnte man der Einfachheit halber das komplette Kapitel „Matschattacke zum Zweiten“ aus dem Monat April einfügen und alles wäre gesagt.

Das Kartensammeln geht insofern in die nächste *Runde*, als dass ich großzügig das Taschengeld meines Sohnes auf*runde*, wann immer wir an einem Kiosk vorbeikommen. Zumindest nehme ich ihm das halbherzige Versprechen ab, dass ich das Geld ‚irgendwann‘ zurückbekomme. Nun sammeln wir also mit unrealistisch aussehenden Figuren bedruckte Kärtchen und David lässt nichts unversucht, mich in die Zusammenhänge und Hintergründe dieser Serie einweihen zu wollen. Gähn! Wenn er nur seine Vokabeln so gut beherrschen würde, wie die Namen dieser Jedi und Konsorten …

Mir fällt ein Kinobesuch ein, zu dem ich meinen Sohn und dessen Freund vor zwei Jahren wegen der Altersfreigabe „ab 12“ als Erziehungsberechtigte begleiten musste. Der Klonkrieger-Film erschloss sich mir nicht! Von Anfang an verstand ich nicht im Mindesten, um was es überhaupt ging. Nach einer Viertelstunde verließ ich kurz vor der Explosion der in mir angestauten Aggressionen die Vorstellung.

Im Saal nebenan, in den ich mich kurzerhand einschlich, lief ein lustiger Film mit Adam Sandler …

Man kann nicht nur Pech haben.

November

Mord und Totschlag

Ein besseres Thema für meinen geburtstäglichen Frauenabend hätte ich nicht finden können. Die Idee, einige der im laufenden Jahr gesparten Euro für diesen besonderen Tag zu verwenden, realisiere ich ziemlich spontan nach der Lektüre eines Artikels im Anzeiger. In diesem Jahr lasse ich mal richtig den Saal runter und lade einen ausgewählten Kreis von drei Frauen zu einem Krimiwochenende in die Eifel ein.

Um die Mittagszeit starten wir zu viert bestens gelaunt in Richtung Hillesheim mit dem Vorsatz, es uns richtig gut gehen zu lassen. Diverse Menüs und Events sind im Paketpreis inbegriffen und mit Krimi-DVD-Box, zusätzlichem Knabberzeug und gutem Rotwein im Gepäck sind auch die Abende gerettet.

Wir genießen unseren spannenden Aufenthalt in den Themenzimmern ‚Sherlock Holmes‘ und ‚Miss Marple‘ nebst Krimiwanderung zu originalen Tatorten und fühlen uns wie auf einer Zeitreise ins frühere England. Sogar das Wetter spielt entsprechend mit, denn es regnet in Strömen. Im Hotel werden wir optimal verpflegt und verwöhnt.

Am Samstag findet nachmittags eine liebevoll angerichtete ‚English Tea Time‘ statt. Das schmackhafte Menü am Abend passt gerade so rein. Meinen Geburtstag feiern wir anschließend im urigen Kaminzimmer, beobachtet von diversen Filmkommissaren aus dem 19. und 20. Jahrhundert, die ernst von ihren Portraits auf uns herunter blicken. Wir lassen uns davon nicht beeindrucken, reden und lachen über Gott und die Welt. Einigen Nichtanwesenden haben wohl an diesem Abend ordentlich die Ohren geklingelt.

Unsere Abende verbringen wir ansonsten damit, pappsatt bei einer guten Flasche Wein im Kaminzimmer die alten Miss-Marple-Filme anzuschauen, die wir teilweise fast auswendig mitsprechen können.

Der größte Nervenkitzel folgt jedoch zum Schluss des Aufenthaltes, als wir auf der Rückfahrt überlegen, wie viel wir an diesem Wochenende wohl jeweils zugenommen haben.

„Lesen verleiht Flügel."

(Motto der Leverkusener Vorlesepaten)

Büchertrödel

Seit Tagen sortiere ich aus und versuche, mich dabei nicht in alten Wälzern festzusaugen. Lesen ist schon seit frühester Jugend mein Hobby. Den Bücherbus der Stadtbücherei, der damals jeden Montag in Quettingen an der Post stand, habe ich weitestgehend durchgelesen. Doch man muss sich auch mal von Altlasten befreien.

Eine große Kiste voller Bücher verlässt unser Haus in Richtung Bücherei. Dort findet heute der alljährliche Trödelmarkt statt, auf dem man sich gelesene Bücher gegen kleine Spende aussuchen kann. Die Freude über den freien Platz in unseren Regalen währt nur so lange, bis ich beginne, in den diversen Kartons zu stöbern. Schon hat es mich gepackt.

An diesem Tag findet für mich kein Trödel sondern ein Tausch statt. Doch das, was ich nach Hause schleppe, ist ausschließlich für meinen

Mann bestimmt, denn auch er liest gerne und viel. Er zeigt sich hoch erfreut und vergräbt sich ohne dumme Kommentare, die ich eigentlich erwartet hatte, direkt in einen der Romane.

„Na, Frau Heinrichs, was macht das Shoppen?“

„Herr Mähler, es reicht! Stellen Sie bitte noch vier Leute ein; ich möchte einen Betriebsrat gründen.“

Düsseldorf

Als ausdrücklich kölnorientierte Rheinländerin und Ehefrau eines echten, kölschen Jungen kann ich es mir nicht erklären:

„Mama, du musst aber auch das Parfum von Chanel in deinem Buch erwähnen.“

Was faselt mein Sohn denn da? Ist er krank? Es muss sich um eine Art Fieberwahn handeln. Leidet er unter meinem Projekt, der Arme? Vielleicht sollte ich mal den Kinderarzt anrufen. Auf meine Frage, was er mir denn nun sagen wolle, fantasiert mein Sohn von einem Düsseldorf-Besuch per Bahn nebst Mittagessen und ausführlichem Stadtbummel – und jetzt das schärfste: *mit mir!* Hä??? Zweihundert Milliliter ‚Beige‘ von Chanel zieren als Beweisstück tatsächlich unser Badezimmer, in das der Junge mich zerrt. Wie kommt dieser Kübel dahin? Eine Verschwörung? Nee, davon lasse ich mich nicht ins Bockshorn jagen. So weit kommt das noch, dass ihr mir irgendwelche Märchen einredet. Düsseldorf freiwillig? Die Stadt, in der man nicht einmal ein anständiges Bier bekommt, ist sicherlich mein allerletztes Wunschreiseziel. Wie wohl die Bahnfahrkarte in meine Jackentasche gelangt ist …

An dieser Stelle – von wegen Ablenkung; Sohn, pass auf, was du sagst! – bitte ich meine werten Leser, mir bei der Beantwortung einer elementar wichtigen Frage zu helfen: Heißt das Gegenstück des kölschen Köbes in Düsseldorf eigentlich „Albes“?

Ich finde, das verdient eine umgehende und intensive Klärung. Wen interessieren dagegen schon solch obskure, nebensächliche und völlig unerhebliche Duftwässerchen, die in irgendwelchen Badezimmern herumstehen? Wie auch immer sie dahin gekommen sein mögen.

Korinthenkacker!

"Liebe Mama,

das Buch heißt doch ‚Konsumdiät' und nicht ‚Konsumwahn'. Es ist ja nicht nur, dass du es leugnest. Du wolltest es sogar verheimlichen. Dabei war die Verkäuferin so nett zu dir. Aber ich finde es ja nicht schlimm, dass du etwas kaufst, doch der Preis von einem Euro pro Milliliter ist etwas übertrieben. Dafür könntest du dir so viele andere Parfums kaufen. Und bis heute hast du noch nicht einmal ein Viertel verbraucht. Das wird doch irgendwann schlecht, oder? Kauf mir doch stattdessen lieber Legosachen.

Dein Shopping-Wächter David"

Quälgeist

Apropos: Mein selbsternannter Shopping-Wächter verfolgt und beschattet mich nun seit geraumer Zeit. Allein meine Muttergefühle hindern mich daran, ihn angebunden an einer Autobahnauffahrt in einem anderen Bundesland auszusetzen. Obwohl er mich bei jeder unpassenden Gelegenheit hämisch auf Schnäppchen und Sonderangebote hinweist, um mich dann schadenfroh an mein Projekt zu erinnern, empfinde ich eine tiefe Liebe für ihn – meinen einzigen Sohn.

Er bietet sich mir als Assistent für meine Einkäufe im nächsten Jahr an, da er laut eigener Angaben der festen Überzeugung ist, den sechsten Sinn zu besitzen. Den Sinn für Mode. David möchte verhindern, dass ich zukünftig Sachen erwerbe, die in punkto Stil, Schnitt und Farbe für mich ungünstig sind. Seine Lieblingskommentare sind entweder:

„Voll Oma“ oder „Mama, du bist schon erwachsen“.

Ja, was denn? Ein bisschen bequem darf es in meinem Alter doch wohl sein; kombiniert mit ein paar Farbtupfern, um dem Ganzen Pep zu verleihen. Man kann es meinem Sohn einfach nicht recht machen.

David kommt jetzt in das Alter, in dem die spontanen ‚Ich-habe-dir-einen-coolen-Pulli-mitgebracht‘-Pullis alles sind – außer cool.

Auf die ausführliche Wiedergabe seiner diversen Kommentare verzichte ich an dieser Stelle aus nachvollziehbaren Gründen. Dann eben nicht! Ich wollte schließlich nur nett sein.

Seit mein Spross bei TK-Maxx diverse StarWars-Shirts entdeckt hat, ist er nicht mehr zu halten:

„Das Geld, was du für dich nicht ausgeben darfst, kannst du ja mir zur Verfügung stellen.“

Schön! Freu dich doch über die neuen Sachen! Egoist!

Hin und wieder räche ich mich, indem ich aus Versehen in sein Lego-Bauwerk trete. Mit Schuhen.

Möge die Macht mit mir sein!

Dezember

Seele und Tränen

Der Countdown läuft. Bald habe ich es geschafft. Doch das kommende Jahr muss geplant werden.

Als berufstätige Frau, Mutter, Autorin und Ehrenamtlerin ist deshalb der Erwerb eines Kalenders zwingend erforderlich. Schon vor langer Zeit habe ich mir abgewöhnt, Termine auf kleinen Zettelchen zu notieren, die grundsätzlich erst nach dem jeweiligen Datum in irgendeinem Handtaschenseitenfach wieder auftauchen. Die Firma Filofax erinnert mich per Email wiederholt an die Bestellung der neuen Kalendereinlagen. Einfach online bestellen? Langweilig!

In einer Buchhandlung habe ich kürzlich wunderschöne Kalenderbücher mit Kunstmotiven gesehen. Dort erstehe ich ein Exemplar mit dem Motiv ‚Seele und Tränen'. Das passt thematisch perfekt und für das Geld, was ich sonst investiere, bekomme ich noch das passende Notizbuch dazu.

Kurz überlege ich, ob eine neue Handtasche … ach was! Nur noch ein paar Tage …

„Und, welchen Vorsatz hast du für nächstes Jahr?“

„Vorsätzliche Körperverletzung an jedem, der mir diese Frage stellt.“

Gute Vorsätze

Wie in jedem Jahr stehen um diese Zeit die Überlegungen über die neuen guten Vorsätze an. Will ich mir so etwas wirklich noch einmal antun? Abnehmen vielleicht? Sport treiben? Das, worauf wir gerade verzichten, ist doch erfahrungsgemäß in unseren Köpfen ständig präsent. Wie der rosa Elefant, wenn man versucht, nicht an ihn zu denken. Es nistet sich in die Hirnwindungen ein und meldet sich regelmäßig durch kleine sehnsüchtige Gedanken. Nein, ich kann nicht mehr. Ziemlich schnell wird mir deshalb klar, was ich machen werde.

Im kommenden Jahr werde ich auf eines komplett verzichten: Auf alle guten Vorsätze. Wenn jemandem in dieser Hinsicht eine Pause zusteht, dann doch wohl mir.

Trotzdem ermuntere ich jeden, diese Erfahrung zu machen.

Es mir nachzumachen.

Geschadet hat es nicht.

„Schatz, es ist soweit: Wir fahren nach Österreich!“

„Das bedeutet Endspurt!“

Nötsch

Die letzten Tage des Jahres verbringen wir mit der Familie in Nötsch, einem kleinen Ort in Kärnten. Dort fühlen wir uns immer wie zuhause und unsere Gastgeber haben die gemütliche Pension wunderschön modernisiert.

Wir leben in den Tag hinein, quatschen, machen keinerlei Pläne und lassen es uns rundum gutgehen. Leckere Jausen, leichter Rotwein und zum Abschluss beim abendlichen Beisammensein ein würziger Kräuterlikör namens ‚Gurktaler‘. So vergehen die Stunden wie im Flug.

Ratz-fatz stehen wir vor der Frage, wie und wo wir den Silvesterabend verbringen möchten. Die Kinder wollen Raketen in die Luft ballern, die *Großen* möchten lecker essen und als wir uns an Silvester um Mitternacht schließlich mit einem Glas Sekt zuprosten, verschwende ich nicht einen Gedanken an mein Projekt, das ja nun offiziell beendet ist.

Erst auf der Rückfahrt im Auto diskutiere ich mit meinem Schatz über den weiteren Verlauf des noch jungfräulichen Monats. Er glaubt doch allen Ernstes, dass ich am ersten verkaufsoffenen Tag des neuen Jahres bereits vor Ladenöffnung vor den Toren des Einkaufszentrums campiere. So ein Quatsch! Ein kleines Frühstück vorab im Bistro auf der Schrägstraße wird ja wohl drin sein.

Frohes, neues Jahr allerseits!

2011

Britta Heinrichs
In Holzhausen 13
51381 Leverkusen

Anfragen bitte nur noch schriftlich!

Nahezu sämtliche guten Wünsche für das neue Jahr sind verbunden mit Anfragen für Shoppingtouren. Jeder möchte dem großen Ereignis beiwohnen, wenn Britta mit glasigem Blick und wie im Rausch zum ersten Stadtbummel startet.

Meine Schwester bietet mir ihre Hilfe beim Tüten tragen an und liebe Freundinnen wollen für meine Kondition sorgen, indem sie mir mein leibliches Wohl finanzieren.

Ich sehe sie schon strategisch günstig in der City postiert, wie sie mir im Vorbeilaufen Bananenstücke, Traubenzucker und isotonische Getränke reichen.

Eigentlich gar keine schlechte Idee.

„Frau Heinrichs, Sie kommen doch am Mittwoch, oder?“

„Keine Angst, Herr Mähler, ich brauche schließlich Geld fürs Shoppen.“

Bis der Arzt kommt

Heute bin ich alleine in der Stadt unterwegs und genieße bei einem aromatischen Kaffee diesen kalten Januartag.

Trotz einer heftigen Erkältung in den Knochen taste ich mich vorsichtig an die bereits ordentlich reduzierten Klamotten heran und betrete seit längerem wieder eine Umkleidekabine. Der Spiegel zuckt förmlich zurück, während er mir ein Bild vor Augen hält, das mich an einen Sack Muscheln erinnert. Mir ist abwechselnd heiß und kalt.

Ausgerechnet jetzt müssen mich sämtliche verfügbaren Viren heimsuchen. Wieso habe ich mich eigentlich impfen lassen? Ich fühle mich mehr und mehr grottenschlecht und breche den Bummel vorzeitig ab. Für heute bleibt es bei nützlichen Sachen aus der Apotheke.

Auch Herr Mähler wird morgen schweren Herzens auf mich verzichten müssen – und ich auf das Honorar. Leidend platziere ich mich auf dem Sofa und habe nicht einmal Lust, die neu eingetroffenen Kataloge durchzublättern. Meine Kauflaune sinkt im Gegensatz zu meiner Körpertemperatur rapide.

Blöde Erkältung – wo warst du im September? Da hätte ich dich gut gebrauchen können.

Nach ein paar Tagen bin ich fieberfrei und halte es zuhause nicht mehr aus. Viele Leverkusener Mitbürger werden mich in Erinnerung behalten als die Frau, die Tüten tragend und dauerhustend durch die Fußgängerzone schlich.

„Britta, du bist heute so zugeknöpft."

„Hä?"

Cosy maxi

Neuerdings sieht man überall diese weiten Jacken und Westen, die in Übergröße und vorne zipfelig offen getragen werden. Ein unserer Tageszeitung beiliegender Prospekt verspricht tolle Angebote dieser sogenannten ‚Cosies'.

Toller Name für ein noch tolleres Produkt, das man zu jedem Anlass tragen kann. Vor allem wenn man wie ich nicht gerade zur knabenhaften Spezies zählt, kaschieren diese Kleidungsstücke ideal das eine oder andere überflüssige Kilo. Ich erstehe in drei verschiedenen Läden der Stadt Modelle in beige, grau und meliert. Auch zwei Kataloge verleiten mich zur Bestellung einer entsprechenden Strickjacke in der Farbe Lotus und zweier ärmelloser Westen in taupe und schwarz. Die Dinger sind denkbar günstig – was den Schluss zulässt, dass Knöpfe in der Textilbranche offenbar wahre Preistreiber sind.

Auf die Kommentare meiner Familienmitglieder zu den diversen Tüten und Paketen möchte ich an dieser Stelle nicht eingehen.

„Kirsten, wie heißt es so schön: Ist der Ruf erst ruiniert …“

„… kauft sich's gänzlich ungeniert?“

Wehe, wenn sie losgelassen

Der bereits in einem früheren Kapitel erwähnte neue Store, der Markenware immer mit bis zu 60% Rabatt anbietet, wird zu meinem zweiten Zuhause. Meine Schwester schlägt mir aus logistischen Gründen vor, in der Stadt ein Zimmer zu nehmen. Auf diese Art entfielen die Anfahrtswege. Ich überlege alternativ, vorübergehend in eine der geräumigen Umkleidekabinen zu ziehen.

Als ich im Februar mit Kirsten in der Dortmunder Fußgängerzone ein fröhliches ‚Früh-Shoppen‘ absolviere, entdecken wir zufällig eine Filiale dieser Ladenkette. In schweigendem Einverständnis salutieren wir und betreten die heiligen Hallen frei nach dem Motto: *Reeechts um! Vorwäääärts marsch!* Wir verbringen geschlagene drei Stunden in dem Geschäft. Kein Ständer, den wir nicht ausführlich unter die Lupe genommen hätten. Der mit diversen Jacken bestückte hält meinem prüfenden Blick nicht Stand und fällt mit Getöse in sich zusammen.

Unsere Köpfe glühen. Die Kreditkarten ebenfalls, obwohl mein Mann mich am Morgen großzügig mit einem Kuss und zwei grünen Geldscheinen versehen ins Rennen geschickt hat. Das Angebot ist einfach zu verführerisch.

Vom gepeinigten Kassenpersonal, dem wir raten, nach unserem Besuch beim Personalchef eine Erschwerniszulage zu verlangen, erfahren wir im Vertrauen, dass in Kürze eine TK-Maxx-Filiale in Bergisch Gladbach eröffnen wird. Ich schaue meine Schwester an und wir signalisieren uns wortlos, dass dieses Ereignis keinesfalls ohne uns stattfinden kann.

Schwer bepackt sinken wir später in die gemütlichen Sessel eines Cafés und notieren das besagte Datum direkt in unsere Terminplaner.

Darauf ein Sektchen!

Zu meiner Entlastung möchte ich anmerken, dass ich neuerdings die geräumigen aber leider nicht sehr belastbaren Plastiktüten des Ladens benutze, um sie nach dem Auspacken der neuen Sachen mit ausrangierten Dingen zu füllen. So verlässt immer das gleiche Volumen an Zeug unser Haus, das ich vorher hinein getragen habe.

Fazit

Was soll ich sagen? Das Projekt während des längsten Jahres meines bisherigen Lebens war eine interessante Erfahrung, doch insgesamt hatte ich es mir einfacher vorgestellt.

Die Konsumdiät hat mir deutlich gezeigt, wo meine Schwächen liegen. Das Lockmittel Werbung mit seiner Wirkung auf den Verbraucher ist wirklich nicht zu unterschätzen. Ebenso wenig die Gefühle, die mit dem Kauf schöner und meist unnötiger Teile verbunden sind.

Nach wie vor springe ich extrem auf die Worte ‚Schnäppchen' und ‚Sale' an und lasse mich bei meinen Kaufentscheidungen fremdsteuern. Oft erwerbe ich den Artikel, der in einem Prospekt beworben wird, ohne darüber hinaus nach Alternativen zu suchen. Dass es etwas Gleichwertiges vielleicht woanders günstiger oder schöner gibt, entgeht mir dadurch sicher nicht selten.

Ob ich meinen Plan im Endeffekt erfolgreich umgesetzt habe, überlasse ich dem (hoffentlich gnädigen) Urteil meiner Leser/innen. Natürlich habe ich zwischendurch gelitten und auch manchmal ein klitzeklein wenig versagt. Doch wer jetzt mit dem erhobenen Zeigefinger wedelt, soll erst einmal selbst versuchen, ein Jahr auf etwas zu verzichten, was ihm wichtig ist.

Wichtig? Zugegeben ist Konsum für mich wie für die meisten Menschen, die ich kenne, ein bedeutender Teil ihres Alltags. Konsum macht glücklich, vertreibt die Langeweile, lenkt ab oder beruhigt nach dem stressigen Job oder bei privaten Problemen. Er versüßt uns das Leben und ist bei maßvollem Umgang kein Problem. Schwierig ist sicherlich, das richtige Maß für sich zu finden. Das Kaufen dermaßen zu reduzieren ist für mich zu wenig. Unkontrolliert zu kaufen aber ebenso.

Während ich diese Zeilen schreibe, verkündet ein Nachrichtenmagazin im Nachtprogramm, dass die Deutschen wieder extrem in Kauflaune sind und damit die Wirtschaft ankurbeln. Na also.

Wir kaufen, nutzen Dienstleistungen, gebrauchen und verbrauchen Dinge, essen, trinken, hören Musik, sehen fern – konsumieren. Hier das Unnötige herauszufiltern ist von Person zu Person verschieden, da alle Menschen unterschiedlich *gestrickt* sind.

Ich kaufe gerne ein, andere trinken zu viel oder sitzen den ganzen Tag vor der Glotze. Doch Ernst beiseite:

Das von mir in den letzten zwölf Monaten so schmählich vernachlässigte Belohnungszentrum meines Gehirns hat nun eine besonders liebevolle Behandlung verdient.

Und die soll es auch bekommen!

„Zahlen Sie bar oder mit Karte?“

„Kommt darauf an, wie viel Sie haben wollen.“

Beutezüge

Handtaschen, Schuhe, Stiefeletten, Wäsche, Strümpfe, Shirts, Blusen, Jacken und kiloweise Wolle. Dazu ein reduziertes Parfum, CDs, Computerwimmelbildspiele und endlich ein neuer Staubsauger. Das sind nur einige der Dinge, die ich während der ersten Wochen des neuen Jahres zuhause angeschleppt habe. Darüber hinaus wurde unser Bad mit neuen Handtüchern und einem Teppich ausgestattet. Auch das Wohnzimmer hat dekomäßig einen neuen Farbton erhalten.

Der damalige Vorschlag meiner Freundin Eva, ältere Sachen durch bessere und schönere zu ersetzen, ist meiner Meinung nach die optimale

Lösung. Ein Altkleidersack steht jetzt immer bereit und meine Freundinnen sind dankbare Abnehmer diverser ausrangierter Accessoires.

Es fällt mir zunehmend leicht, mich von Dingen zu trennen, deren Aufenthaltsdauer in meinen Schränken abgelaufen ist. Nur so verhindere ich, dass in unserem Haus wieder die anfangs beschriebene Überfüllung entsteht.

Nach den doch recht exzessiven ersten Wochen im Anschluss an meine Konsumdiät finde ich nun zu einem verantwortungsvollen Umgang mit dem Thema.

Ganz bestimmt.

„Germany – seven points."

„Allemagne – sept points"

Städtepunkte

Jeder Fußballfan, der etwas auf sich hält, sammelt Städte- und sogar Länderpunkte, indem er auf seinen Reisen und Auswärtsfahrten möglichst viele Stadien besucht und idealerweise Beweisfotos anfertigt, die ihn im Fanclub-Outfit oder mit Fähnchen zeigen. Auch im Gepäck meiner Männer befindet sich unabhängig vom Reiseziel grundsätzlich immer ein rot-schwarzes Kleidungsstück. Verrückt, oder?

Selbstkritisch halte ich es nun für ziemlich … wie soll ich es ausdrücken … *außergewöhnlich*, dass ich eines schönen Osterferientages mit meinem Sohn im Schlepptau über fünfzig Kilometer nach Bonn reise, um dort der Eröffnung einer Filiale meiner Lieblingsladenkette-die-immer-alles-mindestens-60%-günstiger-anbietet beizuwohnen.

Nach Leverkusen, Bergisch Gladbach, Dortmund, und Köln nun der fünfte Städtepunkt. Der junge Mann, der zur Feier des Tages in der Fußgängerzone Gewinncoupons verteilt, wird mich spätestens bei der nächsten Neueröffnung mit Handschlag begrüßen.

Meine Schwester ist inzwischen ebenfalls infiziert. Unsere damalige Verabredung für die Kölner Filiale hat sie insofern untergraben, dass sie ohne mich bereits zwei Tage vorher dort eingefallen ist. Kirsten nannte es: „unaufschiebbares Frustshopping".

Dabei hat sie mir eine schöne Handtasche vor der Nase weggeschnappt. Nicht, dass ich nicht eine andere gefunden hätte …

In Bonn wollen mein Sohn und ich im Anschluss an die Shop-Eröffnung noch ein Museum besuchen. Hierzu kommt es leider nach zweieinhalb Stunden Aufenthalt im Geschäft aufgrund akuter Erschöpfung nicht mehr. An der Klimaanlage sollten die noch arbeiten.

Mittagessen im Steakhaus ist eine gute Alternative. Noch während wir jeder ein leckeres Stück Fleisch nebst Beilagen vertilgen, beschließe ich, dass es nun genug ist mit der Kauferei. Der Kleiderschrank ist nach wie vor bestens ausgestattet, viele Tücher und Taschen wurden durch schönere ersetzt und auch mein Sohn hat neue, coole Klamotten bekommen.

Schluss! Aus! Ende!

Meine Schwester wird noch von unterwegs fernmündlich entsprechend informiert. Nach dem Wuppertal-Städtepunkt übernächste Woche hören wir wirklich auf.

Versprochen! Wer konnte denn ahnen, dass es zufällig auch in Hagen …

… und wo liegt eigentlich Lüdenscheid?

„Entschuldigung, wir suchen das Kant-Center."

„Kenn ick nich! Jibt's da watt bestimmtet?"

„Och nö, ... nur so ..."

Berlin, Berlin, wir fahren nach Berlin

Meine Freundin Angelika ist potentielle Strohwitwe. Ihr Mann geht bald auf Motorrad-Tour und lässt sie mutterseelenallein zuhause. Auch die Kinder haben Pläne und nehmen keinerlei Rücksicht auf ihre einsame Mutter. Kurzfristig setzen wir also unseren in Isny gefassten Plan um, unserer wunderschönen Hauptstadt gemeinsam einen Besuch abzustatten. Meine Männer kommen erfahrungsgemäß sehr gut ohne mich zurecht und ich erhalte großzügig Ausgang.

Da auch Shopping wieder erlaubt ist, buche ich für uns recht günstig Zug und Hotel. Der Berliner Hof liegt, grob gesagt, schräg gegenüber des berühmten KaDeWe und fröhlich machen wir uns donnerstags morgens auf den weiten Weg.

Geplant ist eine Mischung aus Kultur und Konsum, was uns beiden absolut gerecht wird. Als erfahrene Berlin-Reisende und dank einer kurzen Gedächtnisauffrischung durch meine liebe Schwester kenne ich mich recht gut aus und kann Angelika viele Sehenswürdigkeiten zeigen. So verlieren wir nicht so viel Zeit mit Suchen, die wir stattdessen für andere Dinge nutzen können.

Okay, das ist nur bedingt korrekt. Die Berliner TK-Maxx-Filiale, auf deren Besuch ich bestanden habe – Städtepunkt – liegt total versteckt in Wilmersdorf, aber letztendlich haben wir sie mit schmerzenden Füßen auch ohne die Hilfe Einheimischer gefunden. Innerhalb des Geschäfts war mir dieser Erfolg jedoch nicht vergönnt. Wir reden hier also über meinen allerersten kauflosen Besuch in einer Filiale dieser Ladenkette. Das ist in der Tat bemerkenswert!

Zwischen Gemäldegalerie, Dali-Ausstellung, Spreefahrt und Currywurst kehren wir immer wieder in diversen Läden ein und unsere wichtigsten Anschaffungen an diesem langen Wochenende sind zwei

Flaschen Rotwein und für jeden ein paar bequeme Sportschuhe. Wir unterschätzen jedoch die beinmuskeltrainierende Wirkung dieser neuartigen Sohlenform Marke Klumpfuß. Noch nie in meinem Leben hatte ich einen derartigen Muskelkater.

Ein Blick in die zahlreichen Heftchen und Anleitungen, die sich im Schuhkarton befinden, informiert uns am Abend im Hotelzimmer darüber, dass es sich bei der lässigen Fußbekleidung eigentlich um Sportgeräte handelt, die man anfangs lediglich eine halbe Stunde pro Tag tragen möge. Zu spät – nach sechs Stunden Wanderung über Berlins Asphalt. Autsch.

Nach unserer Ankunft in Leverkusen freuen wir uns, dass die Koffer nicht geplatzt sind und beschließen eine shoppinglose Episode, um uns und unseren Girokonten eine Phase der Erholung zu gönnen. Täte uns allen gut.

Nach drei Tagen hören meine Beine langsam auf zu schmerzen und mein Chef hat dafür gesorgt, dass meine Kreditwürdigkeit halbwegs wiederhergestellt ist.

Danke schön.

Der Profi

Inge bezeichnete sich selbst als kaufsüchtig und hat in einer Verhaltenstherapie gelernt, ihren Kaufzwang in den Griff zu bekommen. Bei meiner Recherche zum Thema habe ich sie in einem Internetforum kennengelernt. Man kann sie in dieser Sache sicherlich als Profi bezeichnen. Inge hat sich bereit erklärt, mir einen Einblick in ihre Kaufsucht zu gewähren.

Das folgende Interview finde ich als Abschluss für dieses Buch sehr aufschlussreich:

Wann hast du gemerkt, dass dein Kaufverhalten über das *normale* Shopping hinausgeht?

„Gar nicht. Mein Mann hat schon immer seine Bemerkungen gemacht, weil ich oft Einkaufen war. Eines Tages fand er hinten im Schrank eine Menge Tüten mit nagelneuen Sachen, die ich nicht einmal ausgepackt hatte. Daraufhin meinte er, ich hätte offenbar ein Problem."

Wie hat sich dieses Problem finanziell ausgewirkt? Hast du dich verschuldet?

„Nein, überhaupt nicht. Wir arbeiten beide und verdienen recht gut. Mein Mann ist im Außendienst tätig und viel unterwegs. Die ‚freie' Zeit habe ich mit Einkaufen verbracht und dabei irgendwann die Kontrolle verloren. Ich habe ja keine teuren Sachen gekauft, sondern viele unnötige Kleinigkeiten und vor allem Kleidung. Das Geld war nicht das Problem – es hat immer gereicht."

Was hat dich denn bewogen, trotzdem eine Therapie zu beginnen?

„Dass es sich plötzlich anders anfühlte. Beim Einkaufen war ich immer in Hochstimmung; richtiggehend aufgeregt. Es war fast wie Lampenfieber. Seit mein Mann die Sachen gefunden hatte, änderte sich das. Der Nervenkitzel wurde irgendwie immer unangenehmer. Einmal

kam ich beladen nach Hause und fing grundlos an zu heulen. Ich konnte gar nicht mehr aufhören. Über meine Krankenkasse habe ich dann einen Therapeuten gefunden."

Wie lange hat die Therapie gedauert und was hat sie dir gebracht?

„Insgesamt war ich fast zwei Jahre in Therapie. Bis ich einen Platz bekam, hat es aber ein Vierteljahr gedauert. In der Wartezeit habe ich mehrere Bücher zum Thema gelesen und eigentlich noch immer sehr viel gekauft. Ich fühlte mich richtig schlecht. In der Verhaltenstherapie, die auch oft sehr unbequem für mich war, habe ich dann verschiedene Techniken gelernt, die ich konsequent anwende, wenn ich merke, dass ich kaufen will. Ich habe mir dieses Verhalten mithilfe der eingeübten Methoden sozusagen abgewöhnt."

Was hast du mit dem unkontrollierten Kaufen kompensiert?

„Es waren mein mangelndes Selbstwertgefühl und auch gewisse soziale Ängste. Als Kundin war ich immer selbstbewusst und mutig. Ich musste mich dabei nicht mit irgendwelchen unbequemen Gedanken befassen, wie zum Beispiel, ob mein Mann, der ja viel unterwegs ist, mir treu ist. Oder was die Leute von mir denken. Verkäuferinnen sind ja meist nett zu einem. Kaufen war eine Art Ablenkung. Es hilft sehr, dass mir das jetzt klar geworden ist."

Einkaufen ist grundsätzlich notwendig wie Essen und Trinken. Ist es überhaupt möglich, eine Kaufsucht dauerhaft in den Griff zu bekommen?

„Ich denke schon. Wenn ich jetzt in Geschäfte gehe, dann bewusst und mit einer klaren Vorstellung davon, was ich will. Wenn ich zum Beispiel eine Jeans brauche, dann kaufe ich entweder die perfekte Jeans oder gar nichts. Meine Freundinnen wissen Bescheid und passen auf mich auf, wenn wir zusammen bummeln gehen. Mein Mann ist sehr verständnisvoll und nimmt sich mehr Zeit für uns, was mir sehr guttut. Eine Selbsthilfegruppe habe ich im Anschluss an die Therapie auch einmal besucht, aber das war nicht mein Ding. Da findet, glaube ich, jeder eine

andere Art des Umgangs mit dem Thema. Ich zum Beispiel genieße jetzt meine neue Stärke lieber für mich allein."

Zum Schluss noch etwas in eigener Sache:

Die Konsumdiät ist mir mehr als schwer gefallen. Seit sie beendet ist, habe ich viele erfolgreiche Shoppingtouren unternommen und dabei eine Menge Geld für schöne aber unnötige Dinge ausgegeben. Was meinst du: Bin ich kaufsüchtig?

„Entschuldige, aber ich muss lachen. Vielleicht bist du auf dem besten Weg, aber mach dich nicht verrückt. Solange du dich an den gekauften Sachen erfreust, sie benutzt und sie dir leisten kannst, ist es sicher nicht so schlimm. Ein Jahr Kauf-Diät durchzuhalten ist außerdem krass; das schreit geradezu nach Shopping.

Schick mir dein Buch, wenn es fertig ist – dann weiß ich vielleicht, wie es um dich steht. Pass einfach auf dich auf.

Deine Inge"

Worte zum Schluss

„Frau Heinrichs, ich habe schon den Titel für Ihr nächstes Buch."

„Tun Sie sich keinen Zwang an, Herr Mähler."

„Der Konsum-Jo-Jo-Effekt!"

„Ha,ha!"